川口孫治郎

自然暦

八坂書房

序

比較的進歩せりとせらるる太陽暦よりは、遙かに締りのなきよう見做さるる太陰暦、その太陰暦よりは遙かに遙かに大雑駁に見限らるる諺の暦……自然を目標にとった自然暦。それが往々却って太陰暦よりも太陽暦よりも確かなところがある。何故なれば暦での一月一日は沖縄県でも青森県でも同じ一月一日だが、沖縄県の自然の季節と青森県の自然の季節とは決して同じでないから。然るに、自然暦はその地方の自然と自然とを関聯させて人が見当をつけたのだから、その地方にとって確かなのは勿論である。

のみならず、それを関聯的に注意して見ることは覚え易くてしかも興味の浅くないことである。その興味を以て自然界に注意することは、その間に自然に関する知識の啓発の緒ともなることも少くない。

諺には途方もない間違いもないではないが、大多数は諺の間の生存競争に打勝って生存伝承して来たものであるから、概ね「核心に」触れたものである。併し生半可の科学教育はややもすれば一言の下に之を斥け、科学教育の邪魔もののよう取り扱わるる傾がないともいえぬ。故に今の際我全国各地方に於ける自然暦を文字に遺しおくことは、前代への報謝であり、後代への紀念品になり遺産になるわけだと思って之を上梓することにした。

援助し供給して下された諸賢には深く感謝の意を表したい。

（昭和三年二月二十一日夜、未定稿＊）

＊この作品ははじめ、在野の野鳥研究家、民俗学者として活躍した川口孫治郎（昭和十二年没）が遺した莫大な草稿中より見出され、昭和十八年に日新書院より刊行された。ここに掲げた「序」は、遺稿の整理にあたられた川村多実二氏が「自序の初稿」として紹介されているもので、九行目の「核心に」の三字は、川村氏が仮に補ったものという。

なおその後本作は、昭和四十七年に、漢字・かなづかいを現行のものにあらため、索引を付して、弊社「生活の古典双書」の一冊として再刊された。

本書は右記の「生活の古典双書」版を装い新たに刊行するもので、この「序」を加えた（漢字・かなづかいはやはり現行のものにあらためた）ほかは、旧版の通りである。

目次

俚諺・俗信

一　暦日なき山としもなし節分草　花鏡

山渓に生し、小寒の頃梅花型の白き花咲く、花落ち実生ず、宿根の草なり、菟葵、イエニレ、一輪草、これを節分草という。

二　二月の社日が接木の真旬《マシュン》。

紀伊西牟婁郡萬呂村附近。（鈴木昇三氏）

三　梅の花が白く咲き揃ったら杉の葉が焦茶になる。

筑後三井郡小郡村三国村九鉄沿線の実況。養分の強き地域のは常緑を保てども、右沿線は瘠土なるが為に、際立って見ゆ。

四　狸は蕗の薹を食って酔って死ぬ。

伊予上浮穴郡中津村附近の猟師の実験談。川口云、斃死体のあるは事実なり。

五　クヮンドウを食うと狸は馬鹿になる。

筑後八女郡木屋村附近の諺。クヮンドウは蕗の薹の方言（款冬らし）。フキのトウのたつ頃のタヌキは警戒弛寛して、よく敵に狙わるるにいう。紀伊の諺（三〇項）と対照して興あり。

六　バッケ花が咲くと熊が出る。

越後東蒲原郡西川村室谷附近。バッケ花は方言にて、蕗の薹のこと。

七　蕗の薹を牡鹿が食うと角が落ちる。

蕗の薹を食うと角がモゲる。

陸中五葉山南麓古諺。

八　バッカイを食うと鹿の角が落ちる。

陸中門馬附近の諺。バッカイは蕗の薹の方言。この諺、陸奥福岡町浄法寺村附近にも残存しあり。

九　マンサクの黄花の盛り頃はヤマドリが罠にかかり時。

筑後八女郡星野村附近の諺。

一〇　霧がかかると雉が鳴く。
薩摩荒崎の俚諺。この二、三日はもう春の訪れを知ったような暖い穏かな日が続きました。毎朝この湿地に白い霞がたなびきます、霧がかかると雉が鳴く、と山下謙一氏初め多くの人々が口をそろえて申しました。（下村兼二氏昭和二年二月二十四日付通信）

一一　樫の実の落つる頃ヤマバトが群れをなして来る。
日向榎原附近の諺。ヤマバトはアオバトの方言。この地にて樫の実の熟して落つるは陰暦正月中旬なり。（第二三九項、山毛欅の芽の出る頃云々の項参照）

一二　野梅が満開するとカモが居なくなる。
福岡県八女郡野添地方俗諺。（権藤氏）

一三　梅の花盛りにイダが瀬につく。
筑後船越村内、筑後川辺。イダはウグイの方言。

一四　楊（ネコヤナギ）の花が咲くと「エノハ」が釣餌にかかる。
筑後八女郡木屋村附近の諺。ネコヤナギの咲きそめる、春の彼岸頃に、この魚山奥の溪より川に出で来たりて餌食みにかかる。その頃より釣上げらるるをいうなり。

一五　正二月のジブ北。
筑前宗像郡の諺。正月二日の更、北風つづき晴々とせぬにいう。（合屋武城氏）

一六　とどめ鳥きつつなくなりわが宿の八重紅梅の花ふみちらし　公忠
禁鳥の義？　人来鳥、金衣鳥、金衣公子、経よみ鳥、歌よみ鳥、皆鶯の異名なり。鶯は梅の花盛りにほけり始む。その後人里附近にては全く歌わず。ただし盛夏に高山の中腹に登ればなお盛に歌うを聴くなるべし。されば右は里での歌なり。

一七　エビス神社の梅の花が散らんとほんとうの暖かさにならぬ。
肥前平戸町の諺。註曰、梅は紅梅を意味す。「本年は慥に証明しています、今花盛りです。而して昨今の雪は甚しいです。」（安部幸六氏通信）

一八　田螺の願立。
肥前東北部の諺。桃の節句前に天候の荒れるにいう。民俗三月節句には必ず田螺を取って雛に供え、又各自ら祝って賞味す。その節句前に天候荒れて溝川が泥に濁れば田螺が拾い上げらるることを免るるより、彼等の念願より荒れしむるなりと見ての諺なり。

一九　杉檜の植え旬は彼岸の七三。
紀伊東牟婁郡四村附近の諺。中日前七分後三分の意。（鈴木氏）

二〇　農鳥嶽の雪が消えて鳥の形だけ残って見ゆる時がシロカキ時だ。
静岡県安倍郡と山梨県北巨摩郡との境附近の民俗。シロカキは漆掻きのこと。

二一　杉の花の風に散る頃は丸太の伐り旬。
紀伊東牟婁郡田原村附近。この期を過ぐればツワリ過ぎていけないとの意。北牟婁郡尾鷲附近、長島町附近。

二二　梅の花の落ちる頃から木接が始まる。
筑後国分倉鍵久太郎八十二翁の談。

二三　松の新芽が一寸伸びた頃が植木の植替に最もよい。
久留米市附近の植木屋仲間の諺。秋の植替よりも春のがよい。春の中でもこの時期には大抵の植木が概ね間違なくつくという。

二四　コブシの花の多い年は豊年なり。
羽前最上郡東小国村堺田附近の諺。

二五　彼岸中に氷が流るるなら種を下すな。
陸中閉伊川上流田代附近の諺。播種しても成育覚束なしとの意なり。

二六　立木立草の周囲の雪が円く融ければ豊年、北側だけ残れば凶作。
　　陸奥東通村附近。
二七　彼岸過ぎての麦の肥。
　加賀松任地方。紀伊にても云。施肥の効なきを云う。
二八　山桜が咲いたら麻を蒔かにゃならぬ。
　　因幡八頭郡篠坂附近。
二九　山木蓮が咲くと籾蒔をせねばならぬ、散ると田植を始めにゃならぬ。
　石見鹿足郡畑ケ迫村附近。ヤマモクレンとはコブシの方言。

三〇　ビシャコ（ヒサカキの方言）の花の咲く頃は狸が阿房になる。

　紀伊有田郡俗諺。産児の為か進退鈍くなり、人々に馬鹿にさるることすくなからず。孳尾期なる為らし。
三一　狸が田螺を食うと瘠せる。
　薩摩の大口地方の諺。田螺が瘠せしむるに非ず。田螺を漁る頃は所謂「走り」の時期にて、雌を追いて狂奔して瘠せ居るよりいうならむ。

三 狐の仔は雞を食わずば眼が開かぬ。
筑後三井郡大城村附近の諺。(平野四郎氏)

亖 ハモリの花盛りに猪はたける。
大和吉野郡北山川上流の諺。ハモリとはアセビ(馬酔木)の方言。孳尾期の興奮をタケルという。

亖 イセボの花盛りに猪がハシカイ。
イセボは前記ハモリと同じらし。紀伊ではアセボ又はアセンボという。

亖 コメシバの花盛りに猪のたけり。
紀伊新宮市附近。コメシバは馬酔木。ハコボレとも云。

云 椿の花の咲く頃は山猫の皮がよい時だ。
対馬の俗信。その頃は山猫の毛が最も短く、甚しく密なるが為なるべし。

亖 薊の新芽を食うと鹿の角が落ちる。
大和吉野地方。第七、第八項参照。

六 椿の花が落ちる頃には鹿が肥満している。

日向高原村狭野附近の諺。鹿は好んで椿の花を食う性あり。花の散落ちる頃は好物の採食に困らぬ時季なれば自ずと太るなり。

三九　ソバオシキが椿の花を食う頃には少し馬鹿になっている。

筑後八女郡矢部村附近の諺。ソバオシキとはムササビの方言なり。

四〇　蕨の出る頃兎の仔が多く産まるる。

筑後八女郡星野村十籠附近の諺。(栗秋源造老の話)

四一　春雪の消える頃雷が穴の中から頭を現している。

下野烏山附近の諺。形は鼬より小さく鼠より大、味は鼠と同じという。(東遊記、笈埃随筆)。所謂、雷狩は芋の種の被害の予防と、雷を少くするとの迷信とより行われしものらし。

四二　ゴトトンが鳴くさか温くなる。

紀伊田辺近在の諺(鈴木昇三氏)。蟄居中の蛙の鳴くにいうなり。

四三　春立てど花も匂はぬ山里はものうかる音に鶯ぞなく　原棟梁

四四　春来ぬと人はいへども鶯の鳴かぬ限りはあらじとぞ思ふ　壬生忠岑

四五　鶯の谷より出づる声なくば春来ることをたれかしらまし　大江千里

四六　雪が消えたら雉が帰って来る。

伯耆大山の諺（安部幸六氏）。積雪中は里近く下り行きたりし雉が、雪の消え行くままに登り行くさまなり。なお雁が日露の役奉天攻撃軍の北進する前方を、軍の進むがままに北上したりしことに似合いて聞ゆ。

四七　引鳥の中に交るや田螺取　支浪

（続猿蓑）引鳥。春になりて引締る鳥。

四八　雪白水が海に入ると白鳥が去る。

陸奥の小湊附近の諺。雪白水は雪解の水、白鳥の北帰期に当る。（下村兼二氏採取）

四九　麦の芽が三寸位伸びるとカモメの大群が来る。

隠岐西郷港附近の諺。カモメは概ねウミネコなり。その頃港内は真ッ白となるという。

五〇　麦の葉が伸び始めるとナベヅルが帰って来る。

朝鮮全羅南道の諺（山口恒雄氏）。三月初旬麦陽気を受けて伸びんとす。この時ナベヅルこの地方を通過して北上す。通過期長からず、やがてその影をとどめず。

五一　鶴が北に向って高く飛ぶと彼岸さめ。

肥前神崎郡蓮池附近の諺（陳内利武氏）。さめは終りの意。カラ、コロと鳴き渡るを見れば、必ず彼岸を越していたという。今や全く史的の材料となりたり。

五二　ムツゴロウが出なけりゃシギが帰って来ぬ。

筑後柳河の古老の言い伝え。ムツゴロウは十月末頃穴中に潜みて越冬し、陽春三月漸く穴中より出でて潟に活動するを常とす。その頃北帰するシギ類のハシリ来るをいうなり。犬井道大正搦地先にて獲られしアオアシシギの胃中にハゼともムツゴロウとも断じ難くなりし頭部の存したることあり、キアシシギが白魚を狙うこともあり。されどその他の多くのシギはムツゴロウを食う為に帰来するに非ず。偶々一般シギの帰来とムツゴロウの活動開始と相一致したるもののみらし。

五三　アオサを食うとアメドリが飛べなくなる。

肥前五島の俗諺。アオサは三月四月の交盛に発育する海藻、アメドリはアビの方言なり。その頃アビはその翼の変わり時なるを以て、飛翔の不可能なるもの少なからず。必ずしもアオサを食いしが故に非ざるべし。

五四　浜千鳥は若鮎を食って鳴き始める。

筑後川恵利の井堰附近の諺。浜千鳥とはイカルチドリの方言。同千鳥はアユを採食することなし。

ただ鮎の遡り来て人の注意を惹き始める頃が、鳴き始める頃なるより、誤りて関係あるものと思做したる諺なり。

五五　柳の芽が出ねばカラスの子は産まれない。

青森。（和田干蔵氏）

五六　ヒヨドリは椿の花を吸い始めると苦くなる。

八女郡星野村十籠附近の諺（栗秋氏）。福岡市在住三好弥六氏は実験上旨くなくなる、遠く飛ばんが為に脂肪を抜くのだ、と評していた。

五七　三月さうの。

この諺も同地に行わる。旧三月の鵜の肉は味える、との意。さは早のこころ、雅語。うののはただやわらかく長めしもの。

五八　三月の黄金めんどり。

豊後日出生台附近の諺。ヤマドリの雌の最も美味なるは陰暦三月なり。その頃には黄金に代えても賞味せよとの意なり。

五九　タコがアカミになって下る頃は椿の花盛り。

日向都井村東海岸大納附近の諺。タコとは黒鯛の方言。但し章魚にもタコという。アカミとは魚群の通るさまにいう。下るとは南方に赴く意。

六〇　ブリ漁は甘藷の芽が二三寸伸びた頃。

紀伊潮岬附近。

六一　イモダネボラ。

伊勢渡会郡宿田曾村。南海村。志摩鳥羽湾内。

六二　甘藷の芽の二つ位出た時はメウキチの旬だ。

志摩和具村附近。メウキチはボラの方言。

六三　キビナゴが漁れ始むると水鳥が多く来る。

島原海岸の俗信（下田滋氏）。キビナゴの漁れ始むるは春三月の交にて、その頃来集する水禽は、ハジロ、ウ、海雀、アビ、ヅグロカモメ等。

六四　鰤は北が吹いて後に来る。

日向都井の宮の浦の漁業者間の諺。春の彼岸前後、北風の済んだ後に盛漁期に入るをいう。次項大隅内の浦附近の諺と対照して興趣なきに非ず。

六五　南東風が来ると鰤がとれる。
大隅内の浦附近の漁業者間の諺。春分前のことなり。

六六　蕗の葉が一銭銅貨ほどになった頃マスは白川村に遡って来る。
飛驒白川村。

六七　初春に利根川に雪水の出方多き年は鮎は船に限り豊漁。

六八　初春に雪水の出方の多い年は鮎は一般に豊漁。
利根川筋に於ける諺（笹子治氏調査）。察するに若鮎の遡上は初春に始まるもの故、その頃雪水の出方多ければ若鮎の遡上を妨げられ、従ってその年は上流は不漁にて下流にて漁獲が豊かなるを示すものならむ。

六九　カナギ網の初卸と山茱萸。
筑前志賀島でカナギ網の初卸しの頃、筑後久留米地方ではサンシュユの蕾漸く黄ばみ綻ぶるが常例なり。三月上旬に当る。昭和四年春初日（五日）大漁、一升九十銭なりき。

七〇　梅が散って桜がちらほら咲き初めると鯛が入り込む。
讃岐の漁村の諺。三月下旬なり。この時赤の大漁幟に春風を切って、大網船はねらいをつけて漁場に漕出る。

七一　長万部山に残雪が比目魚の形にみゆる頃がヒラメの漁れ時。
昔のアイヌの漁業暦。

七二　若鮎が四つ手網にかかり始むると白蝦もかかり始むる。
筑後沖の端川口なる四手網漁師間の諺。この辺に若鮎の現わるるは三月節句（三月二十六日にこの次ぎの大潮頃という、従って三月二十六、七日頃?）頃僅かの間なり。シラエビの漁期はその頃より始まり、十月頃（人々は太陰暦でいう）までなりとのこと。

七三　草の芽出しにエノハ釣り。
豊後南海部郡因尾村附近の諺。（註エノハはイワナに近き川魚）。太陽暦四月のさし入、川辺の柳に喰入って成育しつつある幼虫を餌にして、エノハを釣るは少年等の年中行事の一なり。

七四　コブシの花が咲くと鰯が漁れる。
佐渡の東部地方の諺。

七五　コブシの花が咲くと畑豆を蒔かねばならぬ。
佐渡の諺。畑豆は大豆をいう。

七六　霞ケ浦の岸辺の桃の花盛りに魴（桃花魚）が多く網にかかる。
茨城県下霞ケ浦辺の諺。

七七　桃の花咲けば鯉の口が開く。
遊楽の釣は春彼岸頃より始むるにいう。専門業者では、初冬より菜の花の散るまでを季節とすという。（東京近在の諺）

七八　桜の花盛りの五月のマスが最も旨い。
飛騨白川村。

七九　桜蝦、桜烏賊、桜鱵。
いずれも桜の咲く頃専ら多き故の名なり（俳諧歳時記）。瀬戸内海にては桜鯛という。次項参照。

八〇　桜鯎（サクラウグイ）
隠岐西郷附近の諺。（岡部武夫氏）

八一　桜イダ。
筑後八女郡木屋村大淵村矢部村附近の諺。イダはウグイの方言（九州詞らし）。桜の花咲く頃この魚矢部川筋に大群集をなして現わる。一網打尽して程なくまた第二の群集をなすを見る。その群集する地点も毎年一定しあり。

八二　桜サワラ。

紀伊東牟婁郡古座港附近。桜の花盛りにサワラが多く漁れ且つ味もよしとの意。古来、この魚にあつるに魚扁に春を以てしている。それと符合している。

八三　桜の花咲く頃の鮒はうまくない。

久留米附近の俗信。卵をもち始めたからという。川口云、その時季には美味でありそうなのに。更に考査するを要す。(九月二日)鈴木昇三氏云、川魚は卵をもち始めるとまずくて食えない。第一〇二項鰻釣りの項参照。やはり人々の説は一致するようなり。

八四　桜の花が散ると金魚の季節となる。

大和郡山町の自然暦。これは気候の暖くなるにつれて商人が企てし商略なりしを今や民風民俗となり、月並と化し、所謂、自然暦の如くなりしものらし。

八五　桜の花の散る頃鰤が多く漁れる。

甑島手打村の諺。

八六　桜魚。

吉野川流域にて国栖魚というものの異名。吉野出でし水とこそ知れ桜魚　竹也。

八七　桜が咲けば海女が働き出す。

志摩の海辺の自然暦。海はこの頃なお寒い。

八八　八重桜の蕾が出来かけたらマグロが来る。

紀伊西牟婁郡有田村附近。

八九　梨の花が咲くとコグレが釣れる。

紀伊田辺附近の諺（鈴木昇三氏）。グレの小型なるをコグレという。色黒鯛に似たり。

九〇　梨の花が咲くとウナギやナマズが釣れる。

紀伊田辺附近の諺。（鈴木昇三氏）

九一　藤の花が咲く頃イダが群れる。

筑後八女郡星野村十籠附近星野川の流れにいう（栗秋老の話）。イダは前出、ウグイの方言。

九二　藤の花が咲くとウグイが子をもつ。

宮城県鬼首鳴子辺の諺。その頃人々は荒雄川の砂利を整頓し、投網に便にしてウグイの産卵に来るを待受けるという。

九三　藤の花盛りにウグイが盛に漁れる。

伊勢宮川上流、大杉谷地方。味が最も劣る。最も味よきは春三月上旬なり。セムシで釣る。カブの卵を一塊にして最もよくつれる。

九四　蕨が出そめるとムツゴロウが泣く。

肥前有明湾に産するハゼの一種、筑後川口一里余の上流にもみゆるもの、蕨のみゆる頃味い最もよろしき為、漁獲さるること著しきによりいうなり。（牛島祐助君）

九五　蕨や独活の出盛る頃はヒラメがうまくなる。

美作奥津附近。ヒラメとは淡水魚ヤマメの方言。ヤマメの木の芽田楽は特に賞美さるる。

九六　藤の花盛りにヒラベが最も旨い。

備後帝釈峡附近の諺。ヒラベ（前項のヒラメに同じ）は九州ではエノハという。鱒、アマゴ、ヤマメ等の同類。比較的小型。伊賀布引村でもいう。

九七　藤の花盛りがアメノウオの旬。

伊賀阿山郡布引村馬野川沿岸。多獲且つ美味の時季。

九八　鮎の肥りは麻の太りと連れている。
金沢地方の諺。（土方益三郎氏）

九九　鮎子花（イワヤナギの方言）が咲き始めたから若鮎が泝るだろう。
紀伊有田郡中部。

一〇〇　栗蒔蟬。
山形県最上郡東小国村附近の諺。春蟬。

一〇一　楢の新芽が緑くなると（新芽は白っぽい）稗を蒔け。
下野塩谷郡栗山村川俣附近。

一〇二　鰻釣りなら蓮華の花盛りに来い。
肥前川棚附近の釣魚通間の諺（芹川乳氏採収）。その頃は多く釣れるが味はよくないという。

一〇三　タナゴ花。
陸奥下北郡尻矢。学名アズマギクの方言。この花盛りにタナゴが盛に漁獲さるるより呼做したるもの。

一〇四　卯の花の盛りの頃にドウをつける。
羽前西置賜郡南小国村玉川附近。ドウは鱒漁の施設。この期に玉川に堰して、その落口に設けて、昇りかねて鱒の落込むよう装置するなり。

一〇五　菜の花が咲くと鰹が釣れる。
鹿児島県沿岸漁師の間の俗諺。大正十五年四月上旬、人々はいう、菜の花が咲いて柳の綿が飛ぶ暖さに拘らず、海水はまだ冷くて平均二十度である為に、鰹がいても餌につかぬ、そこで南へ進んで、大島附近の横当島辺まで行って、始めて大型鰹がつれた云々。

一〇六　菜種の花盛りアカデが肥えて旨い。
筑後矢部川畔船小屋附近の諺。アカデはオイカワ。筑後の他地方ではアカバエ、ヤマブシバエ（朝倉郡）。問題のは雌なり。卵をもち居る頃なり。六月以後雄が多く捕れる、味佳ならず。

一〇七　「えぶた」は蘆の芽立に産まるる。
肥後八代郡沿海地方の俗諺。（林六郎氏）

一〇八　蘆の葉の芽ぐむ頃からエツが盛に漁れそむる。
筑後三潴郡若津附近筑後川筋の諺。エツは鱭、コノシロに似たる形の筑後川特産の魚。小骨多く、酢につけて賞美さるるもの。弘法大師嘗て此処の渡に来り、渡銭を持合わさず、情を述べて渡さんことを求められしに、船頭快諾してその求めに応ぜしかば、別れに臨みて大師はそこなる葦の葉をちぎって川に投じ、窮すればこれを漁って暮せ、といいのこして立去りたり、その葉が化してエツとなりしと云。

一〇九 海苔が沢山ついたから黒魚の大漁があろう。

甑島上甑村里附近の諺。黒魚とは黒鯛の方言。同期でもあろうが、因果の関係あるものというなり。

一一〇 オサクレ。

薩摩阿久根附近の称呼。前項の黒魚（クロウオ）を略してクレという……の美味の時季はアオサの伸びる頃なり。故にアオサクレ又略して、オサクレという由。

一一一 鴨緑江が解氷した斗流浦以下に、十日経たぬ中に（支那戎克の往来を見始めてから）白魚の走りが見られる。

新義州附近の自然暦。

一一二 北海道はクキで冬眠から起される。

北海道西海岸の諺。クキとは鰊の群れ来るをいう。積雪に鎖されし彼地も漸く融け始むる頃、ニシンの大群押寄せ来り、沿岸の漁業家一斉に活躍を始むるに云。

一二三　春の東風にはニシンが少く南風には鰯が多く漁れる。

千葉県海上郡附近の諺。千葉県水産試験場集収。

一二四　アヤトリムシが軒端で群れ遊び始むると鰊が漁れそむる。

陸奥下北郡田名部町附近。雪が漸く消えて春の気分のそぞろに漂う頃。

一二五　米山の鯉。

春もようよう深き頃、越後富士の称ある米山を仰ぎ望めば、峯の白雪、鹿子斑に融け初めて、自然が描ける一大巨鯉の影が現れる。地方の人々はこれを米山の鯉といって、その形の現れ方に依ってその年の漁業の豊凶を卜定する。（中西利徳氏郷土研究）

一二六　田打桜。

陸奥中津軽郡西目屋村砂子瀬。この桜咲けば里人水田を打ち始む。

一二七　田打ち桜。

コブシの方言（秋田県鹿角郡宮川村）。その開花期には地方農民は稲田の用意に田をうち始むる風あり故に云う。

一八　田植桜。
秋田県鹿角郡宮川村附近。コブシをかく呼ぶ。その開花期には稲田の用意に田を打ち始むるに因みていう。（前項中津軽地方の項参照）

一九　種蒔桜。
佐渡の諺。桜の一種。その開花頃は籾おろしの時季なるに云。

二〇　種蒔桜。
宮城県栗原郡若柳町新山公園なる、一本の桜の名、その花の咲きそめが籾蒔の時季なるにより由来せる名なりという。（熊谷三郎氏）

二一　種蒔桜。
羽前西村山郡大井沢附近。

二二　栗駒山に種蒔坊主。
宮城県仙北地方の諺。種蒔坊主とは栗駒山（岩手県にては須川岳）の中腹以下に積雪が坊主型となって現るるに云、種は籾を意味す。籾蒔時期をいうなり。（熊谷三郎氏）

二三　カラスヤが芽を出すと種蒔にかかる。

宮城県鳴子附近の諺。カラスヤとはイノコヅチの方言? 盛夏には茹でて醤油にひたし物として味よく、刈干しおけば腎臓の薬になるという。

一二四 麻蒔桜。

岐阜県揖斐郡久世村字樫原裏山の中腹に明治三十年頃までその老大を誇り居りしが、心なき炭焼に伐り採られて炭となりし桜。普通の桜は四月上旬咲けども、この樹は老大樹なる上、場所が山の中腹なるが為、四月中旬に入って初めて咲く。里人は毎年、この桜の咲くを見て麻を蒔く時期の見当となしいたり。かくて、この桜をば麻蒔桜と呼倣しいたり。(日下部重太郎氏)

一二五 山躑躅が咲くと苗代に来るキリスズメの番をしなくてはならぬ。

隠岐周吉郡中村附近の諺。山躑躅とは三つ葉ツツジをいい、キリスズメとはカワラヒワをいう。(岡部武夫氏)

一二六 山桜が咲くと甘藷の種をふせよ。

伊予北宇和郡日吉村附近の諺。四月清明、四、五日頃に当る。

一二七 桜の花が山の中腹まで咲き上ったら茄子の種下ろしと甘藷の苗の植つけ。

阿波那賀川上流西宇附近。籾はナガシの降りぞめに種をおろし、降り終りに田植する。

一二八　駒形山の白馬と種蒔き。
陸中と羽後との国境にも、駒ケ嶽というのがある。四、五月の雪解けの頃になると、山の八合目程のところに一頭の白馬の形が顕われる。農家はその白馬の形によって種蒔きの見当をきめる。平福百穂氏（郷土研究）。駒形山は御駒山とも雛鷲山ともいう。残雪の頃、鳥が両翼を張ったようにも見える。その鳥の形によっても種蒔の時日をトする風がある。

一二九　藤の花が咲き始めると稗を蒔かねばならぬ。
下野塩谷郡湯西に於ける自然暦。

一三〇　お不動さんの藤が花咲きゃ粟の蒔旬。
紀伊東牟婁郡四村。不動尊は渡瀬字滝頭にあり。（鈴木昇三氏）

一三一　我宿の池の藤波咲きにけり山ほととぎす何時か来鳴かん。

一三二　梨の花咲きゃ粟を蒔け。
紀伊東牟婁郡四村附近。（鈴木昇三氏）

一三三　榛のキナが彼岸に伸びると豊年。彼岸に後れれば凶作。
陸奥三戸郡田子町長坂附近。キナは穂。

一二四　マンサクの咲かぬ年は不作なり。
右は羽前最上郡東小国村堺田附近の諺。

一二五　柳の白いのが多い年は豊年、少い年は不作なり。
羽前最上郡東小国村堺田附近の諺。

一二六　富士の農男、甲斐の野鳥。
四、五月頃富士山の雪消残りて、田子の浦の方より望めば、宝永山の方に人の形の如く見ゆ。これを農男（野男）といい、又、甲斐の方より望みて、鳥の形に残雪の見ゆるを、甲斐の野鳥という、農家これを見てその年の豊凶をトすという。（新撰俳諧辞典）

一二七　チグサの花が飛びかかれば山桃ひかる。
紀伊西牟婁郡万呂村附近の諺（鈴木昇三氏）。チグサはツンバナ、又はチバナ、茅花、ひかるは熟する意。

一二八　上茶ツツジ。
筑後八女郡横山村附近の称呼。キリシマの方言。キリシマツツジの咲き始むる頃は、茶摘みの開始期なり。その頃摘み取らるる茶は上等品なればなり。

一三九　荒神のフロの藤の花盛りがヘイトコの出盛り。
美作真庭郡中和村下鍛治屋附近。フロとは古き森、ヘイトコはスズノコ即ちスズタケの筍の方言。

一四〇　催青は早稲桑の燕口の時。
燕口とは脱苞の意。形相似たるより名づけし？（薩摩宮ノ城附近）

一四一　ハダンキョウの花盛りをみてから二十日許りして、サクラの花盛りをみてから十日後に、催青にかかれ。
薩摩宮ノ城附近の諺。

一四二　落第花。
コブシの花に対して、久留米市の中学明善校関係出身者間に於ける通称。校庭に辛夷の樹三株あり、陽春三月白く咲く。その頃修学生徒の学年試験成績の査定を了り及落のわかるるよりいい伝うるに至りしという。

一四三　金水が黄金色になるのは菜の花の咲く頃から。
播磨美嚢郡志染村にあって、そのかみ弘計億計の二王子が隠れ家とせられたと伝えられている窟屋の水溜り、今は金水と呼ぶ。菜花の咲きそめる頃から、そこに光藻がわくのをいうらしい。

一四四　菜種の花盛りには狐にだまされる。

紀伊有田郡御霊村附近の諺。次項と対照して何等かの共通の存するを覚えしめられる。

一四五　辛子の花盛りにキツネがきっと里に来る。

筑前前原町附近三十年前迄の諺。狐の仔はその頃より生長し、親狐は花の咲きそめ頃より里に来て雞を狙い初め、花盛り頃に盛に荒し廻るよりかくいうなり。紀伊、肥前等のだまされ季節は皆この出動期をさして解釈がつけられたるなり。

一四六　カタッパが出ると熊が出る。

越後東蒲原郡西川村室谷附近。春の土用頃、双葉にして花茎高くその端に花咲く。

一四七　タラの芽が出始めると牡鹿の角が落ちる。

霧島山下。

一四八　タラの芽を食うと角が落ちる。

下野日光附近の俗信（東霧島地方の俗信とも一致す、五島中通島にても亦然り）。四月下旬に当るを例とすと云。

一四九　タラの芽を食うと鹿の角が落ちる。

出雲簸川郡十六島附近鰐淵村。

一五〇 タラの芽を食うと鹿の角が落つる。

主人の行動に絶えず神経過敏な妻に、タラの新芽を茹でて食べさせるとよい、と飛驒民俗がいっている。遠山郷でも。

一五一 ダラの芽を食うと鹿の角が落ちる。

日向狭野地方の諺。四月に入りてタラ（方言ダラ）の芽の出る頃、鹿角が落ち始めることは事実なり。タラの芽を食うと否とに拘らず落つるならむ。されどタラの芽は人も賞美する如く鹿も好みて食うことも事実なり。肥前五島の諺。

一五二 薊の四五寸伸びた新芽を食うと鹿の角が落ちる。

大和吉野郡入の波附近猟師の諺。

一五三 鹿の血流し。

五島中通島。灌仏の頃雨降るにいう、鹿の出産後最初の雨という心。

一五四 鯨の花見。

周防大島郡沿海の諺。同地の桜の花盛り頃、沖合にクジラの来遊するを例とせるよりいう。（下村

兼二氏採取）

一五五　ワクドが水に入っとるけん温くなる、出てくっとさむくなる。
肥後玉名郡南関町附近の諺。ワクドとは蝦蟇の方言。ワクドが子もちに水中に入れば必ず暖くなり、水から出てくると寒くなるとの言い伝えなり。

一五六　蚤の四月に蚊の五月。
（各出現期）肥前小城郡の諺。

一五七　八汐ケ山一面に桜が咲くとセキレイが大谷川辺に多くなる。
下野日光附近の諺（茅根民雄氏）。蕃殖の為なり。

一五八　四月八日にカッコウが鳴くとヨナミがよい。
陸中五葉山北麓檜山。

一五九　桜の花に毛虫がついたからカッコウが渡って来るだろう。
下野宇都宮市附近の諺。毛虫がつけばそれを食う為カッコウの来ることは事実なるが、時季のみに考えても、毛虫のつく頃とカッコウの来る頃とは大凡相伴えることも事実なり。

一六〇　ムツゴロウが出なけりゃシギが帰り来ぬ。

ムツゴロウ（註、有明海干潟にすむ魚）は十月末頃穴中に潜みて出で来らず、かく越冬し（昨今全くその姿を現わさず）陽春三月に入らむとする頃漸く穴中より出でて潟に活動を始むるを常とす。その活動を始むる時期が恰もシギ類の北方に帰還を開始する時期に当り、帰還の所謂ハシリが概ね現わるるより、人々はこの諺を伝うるに至りしものなるべし。必ずしもムツゴロウを狙い食わんが為に立寄るに非ず、時期が合致せるよりかくいうならむ。（筑後柳河村）

一六一　「戻り鷸」は西瓜の種を狙って戻り来る。

筑後の高良内西瓜は西瓜の中に覇を称す。その種を下すは四月中旬なり、モドリシギとはチュウシギ（中にはハリオシギ）の方言なり。中鷸は性蠕虫を好む。西瓜の苗代に下りて漁る。その際砂中の西瓜種をも食うらし。但し元来西瓜を狙うものかも知れず。考究を要す。大佐赤司安一郎氏の話にてはモドリシギの来襲後は西瓜が生えずと云うと。

一六二　麦の穂が出るとシャクが肥える。

八代郡沿海地方俗諺（林六郎氏）。シャクはシャクヌキ又はシャクフミの略、シャコヌキ又はシャコフミ即ちシャコシギの方言。（第三〇〇項のムギシャッパ参照）

一六三　フウズウバナ（紫雲英の方言）が四分通咲くとハルシギ（春鷸）が来る。

久留米市附近の俗諺（石橋徳次郎氏）。満開頃には居なくなる。高知市附近の狩猟家間にも同様の諺あり。ハルシギはモドリシギに同じくチュウシギなり。

一六四　キアシシギが渡って来ているから白魚が上り始めるだろう。

青森の郊外の川辺。

一六五　白魚が泝上し始めたから黄脚鷸が出るだろう。

同じく青森地方。キアシシギはシラウオを好み食う。民俗はこの事実を知れると否とに関せず両者を関聯せしめて諺とし時暦となせるなり。（和田千蔵氏）

一六六　イモオヤシが鳴いたぞ。

伊予北宇和郡日吉村附近の諺。イモオヤシとはアオバズクの方言。彼の第一声は地方農家に里芋の植付けを告ぐるものとされている。

一六七　アオバズクの初声と金線蛙（トノサマガエル）の啓蟄の初音。

筑後久留米市内旧屋敷町に於ける実験に依れば、例年相伴うを常とす、四月下旬也。

一六八　麻蒔鳥。（この鳥が啼くと麻を播かねばならぬと云）

筑前雷山地方の諺（安部幸六氏報）。この鳥を安部氏はアオバズクと認めて報ぜらる。雷山地方は北の方に面し、玄海の潮風を受くる故、気候は暖かならじ。さるにてもアオバズクの出現と麻蒔とは伴い難からむ。川口は寧ろポンポンドリ即ちツツドリの出現が麻蒔時に近からむと考う。暫く懸案として見むと思う。

一六九　春のヒバリが天――と啼く。
羽後森吉山西南麓鍵ノ滝附近の諺。晴空に啼きて里人に陽春の到来を告ぐる由。（杉田久吉老談）

一七〇　桜が散って李が盛になると、ポンポン鳥が啼き始める。
飛驒大野郡に於ける諺。ポンポンドリは筒鳥の方言。

一七一　梨の花盛りにノジコが多く来る。
対馬佐加地方。春の帰りをいうなり。

一七二　梨の花盛りには雉は笛にかかる。
筑後八女郡星野村附近の老猟師間の諺。既に笛についたなら、此方からは徒らに吹くな、頬をうって響かせてみよ、枯草などをプチリプチリ折ってみよ、寄ってくる、という。

一七三　タカのクンマチ。
沖縄本島俗信。タカはサシバ、クンマチは小蛇をいう。サシバに食わるる小蛇、サシバの渡り期に蛇出現し、よくサシバに捕らるることあるよりかくいう。

一七四　桃の花盛りに阿値島に海雀が卵を産む。

肥前平戸島志々伎村附近の諺。明治四十年頃迄の事実、海雀蕃殖の南限地であった。バケツを提げて競って卵の採取に出かける有様なりしにより遂に来り産むことが止んでしまった。

一七五　桃の蕾にウソが来る。

福岡県八女郡横山村（林田峰次氏）。これも暦といわんよりも唯事実なるのみ。次項大分県の湯の平でいう「木の芽が出たら」も同時季なり。

一七六　木の芽が出始めるとウソが来る。

大分県湯ノ平温泉附近の諺。帰りのウソの出現時期がその木の芽の出ぞめ頃となるのである。

一七七　桃鳥。

伊勢多気郡領内村附近。桃花の蕾を破らむとする頃、一時に現わるるウソの異名。

一七八　アオナの花盛りにハマネコが卵を産み始める。

越後粟嶋の三十年前迄の諺。ハマネコはウミネコの方言。アオナは菜種の方言。

一七九　クキの前にカモメが来る。
小樽附近銭函辺の諺。ニシンの押寄せ来るをクキという。北海道はクキで醒める。

一八〇　チシャの若葉が拡がる頃コウゲガラスの子が巣を出る。
筑後三潴郡川口村字紅粉屋小字外野の一民家に高きチシャの樹の特立せるあり。家の翁物心つきて以来五十年あまりその一二年を除く外毎年カササギの巣くうを例とし、家人は永年の経験を右の如く称え居れり。

一八一　蕨の大部分が三つ股になった頃雉が最も騒ぐ。
豊後玖珠郡日出生台附近の諺。

一八二　蛇が出ると雉の味がまずくなる。又云、三月以後のキジはまずくなる、蛇を食うからだ。
紀伊の俗諺。蛇が啓蟄する頃は気候漸く温暖となり、キジの肉は臭気を増し来る。食わんとせば臭気鼻をうつことは事実なり。

一八三　菜種が咲くと雞が旨くなる。
東北地方俚諺。これは鳥暦といわんよりは人が雞を食う為の暦なるべし。

一八四　菜の花盛りには手拍子にでもヤマドリがドロドロと羽うちして寄って来る。

筑後八女郡星野村附近。その頃はワナにもかかりしという。二十年前の実況なり。

一八五　菜種鰒。

菜種刈る頃多く漁るる鰒をいう。

一八六　萵苣卵。

豊後南海部郡因尾村附近の諺。春四月チシャの勢よくなる頃、雞が盛に産卵するよりいう。紀伊田辺附近にても云。

一八七　萵苣の成長と共に雞はよく産む。

豊後竹田附近の諺。殊にチャボに云うなり。(拝郷助人氏)

一八八　乙鳥の初渡来が蚕の第三齢頃だと養蚕の成績がよい。

薩摩宮ノ城附近の言い習わし。

一八九　越後屋根屋と燕の鳥は春に来りて秋帰る。

信濃川中島地方の俗謡(高島冠嶺氏)。茅屋根を葺く屋根屋が越後から川中島地方に出稼に来るにいう。

一九〇　燕来て蚊帳草の萠るなり　　　護物

一九一　傾山の八合目が緑《アオ》んだら苗代時。
豊後大野郡長谷川村上畑附近。

一九二　八十八夜のハリタケ。
加賀松任附近。ハリタケは稲苗の伸びて縫針の丈位になるを順とする意。

一九三　八十八夜の毒霜。
筑前宗像郡の俚諺。八十八夜稀に降る霜はいたく作物を害するよりいう。（田中氏）

一九四　苗代寒（ノシロカンという）。
肥前大村地方の諺。苗代を作らねばならぬ時季に、必ず意外の寒さを来たすにいう。昭和三年五月十七八日昼の暖きに似ず、夜間、蒲団の必要を痛感したる後に人の語るを聞く。

一九五　欅の葉が早く出ると最早晩霜が来ない。
陸中気仙郡上有住村八日町附近。桑は近頃は人工的植物となりて無鉄砲に早く出でて霜害を受けることあれど、欅にはその事なしと云。

一九六　山毛欅の若芽が緑《アオ》くなったら種を下ろせ。
羽前西村山郡大井沢附近。山毛欅は雪消を俟って芽を出す。諺に出た山毛欅は殊に早く出るもの。その季をば籾の播種期とみるなり。

一九七　金北山の種蒔猿。
佐渡の諺。積雪漸く溶けて岩角現われその形猿に似たるにいう。この岩の現わるる時季には籾を下すべしとの意なり。（第一二八項駒形山の項参照）

一九八　橡の花盛りが稗蒔。
上野奥利根（湯の小舎附近）大蘆附近に於ける諺。

一九九　浜木綿（ハマユウ）の実は春さればあおむ芽のいずるしるしなり。
紀伊の熊野路、日高郡。（平井忠夫氏）

二〇〇　木の芽つわり。
紀伊西牟婁郡江住地方、木の芽出しとの意。

二〇一　山桜にカラスがとまっても見えない頃は最もよくつねっている。

紀伊西牟婁郡有田村附近。（註原文つねってとなれり、意不明）。

二〇二　柿の若葉に大豆粒が一杯になる頃大豆を蒔かにゃならぬ。

甑島上甑村里附近の諺。

二〇三　柿の若芽が夏大豆を三粒載せ得る頃はその種蒔き時である。

久留米地方の諺（中島麟太郎氏）。次項宗像郡上西郷村附近の諺参照。

二〇四　柿の芽が出始めたから大豆を蒔かねばならぬ。

筑前宗像郡上西郷村附近の諺（安部幸六氏）。畑地の麦作の間に大豆を蒔きおき、麦刈りの後は大豆をして代り繁殖せしむるなり。夏大豆の蒔きしをは柿の芽が伸びて大豆一粒を包みきる位の時である云々。

二〇五　桐の花の咲く頃に豆を蒔け。

陸奥下北郡川内町附近。

二〇六　ハチクがぬけたら大豆を蒔け。
マダケが抜けたら粟を蒔け。

右は傾山麓に於ける自然暦。

二〇七 螢尻の第一の花に大豆まけ、第二の花に粟を蒔け。
傾山麓に於ける自然暦。

二〇八 ウツギの蕾がみゆると稗を植ゆる。
陸奥下北半島尻労の諺。彼地にはドクウツギあり、又ハコネウツギもあり、諺にいうは真のウツギなり。最も遅く咲く。

二〇九 柿の葉の二つ葉が出る頃牛蒡の蒔き時である。
肥前平戸島志々伎地方の諺。（安部幸六氏報）

二一〇 里芋は五月歌聴いて葉を出す。
越後東蒲原郡西川村附近。

二一一 イチゴが咲いたら甘藷蔓を植えねばならぬ。
志摩賢島附近。

二一二 山吹や宇治の焙炉の匂ふころ　芭蕉
九州にての実験にては山吹の花すぎて茶の芽ようよう出るが常なり。宇治辺りと気候に多少の相違もあるなるべく、又茶に施す肥料にも関係することもあるならむ?

二三　山椒の芽のふくらみ時は丸太の皮の剝ぎ旬。
紀伊西牟婁郡田並村附近。末口一尺五寸以下の春伐りの好適時という意。

二四　新茶を飲むと蚤が出る。
日向高鍋地方の諺。約して又「茶蚤」ともいう。新茶を飲む頃、蚤の発生多きをいうか、或は文字通り新茶を飲むとその結果蚤の発生をみるか、或は又、農民新茶を賞味して就眠意の如くならず、為にかまることに気付くこと多きに非ずやとの解釈もあり。（有留喜義氏）

二五　春蟬の鳴きて茶の芽のかをりかな。
「むさしのの一駅、膝折というに汽車をすてて野火止というところに、金鳳山平林寺とて、ふるきみ寺のあるを尋ねむとてゆく。」（籾山梓雪句集）

二六　閏年は蚕豆一方のみに花咲く故収穫少し。
紀伊田辺近在の俗信。（南方熊楠氏）

二七　甘藷の新蔓の挿し植え頃はヒラクチの出盛り、大豆の採り入れ時がヒラクチの最も荒れる頃。
肥後玉名郡南関町附近の諺。紀伊有田郡の古諺「八月ハビに嚙まるるな」に想到す。ヒラクチ、ハビ、共にマムシの方言なり。

二八　柘榴の芽が出初めると蚕紙の掃立にかかれ。

上州地方の諺。昔同地方の老翁、掃立の時期を敏く見定め、他の養蚕家にとりては有難き顧問とされいたりしが、或年人々の感じには、既に時期の到来せるを覚らしめられつつあるに拘らず、翁はまだまだとのみいう。人々あまりに変調なりしままに、遂に熱心且つ力強く、何故今年はかくまで後らかすかと尋ねしに、翁はその窓外なる柘榴を指して掃立は毎年彼の芽出しを時期とすれば、例年生育常に良好なりき、今年は彼の芽未だ出でず、故に急ぐべからずと答えた。人々は柘榴の芽は既に早く萠しあり、この木は何故まだ出ぬかと訝かり始めて、遂に折角の見当にとりし柘榴は昨秋以来枯れたりしに気付きたりと云。翁が一室内にありて一柘榴のみに注意したりし為、気の毒なる結末をみしかど、依然として翁の経験に基く自然暦の権威には揺ぎなきはいうまでもなし。

二九　ススバナが咲くと蜈蚣が出る。

筑後八女郡東南部矢部村辺の諺。ススバナは又他地方にてオバコフウラン、専門家の所謂エビネ。花の蜜にムカデの登りつくこと多し（中村甚作氏談）。又、山鳥草とも云。花を鸐雉好みて食うより来りし名なるべし。肥後三角港より天草島通いの帆船の船長、航海中とある島際を通るに方り、ゑならぬ芳香の馥郁たるにうたれ、帆柱に登りて望見せしに、白っぽき花少なからず咲き且つその茎の著しく黒く見ゆるものありたり、との話あり。中村氏はその芳香はエビネの花の発したるにて花茎の黒くみえしはムカデの登り居りしなるべし、との解釈をなしたり。川口云、この花をヤマドリの好みて食うというは事実なるべし、軟かく且つ甘ければなり。されどムカデも好みてこの花につくを以て、ヤマドリは又そのムカデを採食う為にこの花に集るに非ずや、とも考えしめらる。

二二〇　ウツギが咲くと水浴を始めてもよい。
陸奥下北郡一円の諺。真ウツギ最も遅れて畑の縁垣に盛に咲く。

二二一　山吹の花盛りには人は眠くなる。
下野日光附近の諺（下村兼二氏）。紀伊にては「眠むと御座るよ春三月の苗代蛙の鳴く頃は」との俗謡あり、筑後にては山吹は四月上旬（旧三月上旬）咲きそむれどその頃なお眠むけを催さず、五月に入って始めてノシロガエル鳴き漸く眠むけを催おす頃となる。山吹の咲きそむる時季は明に北方程後なるを示せるようなり。

二二二　麦の穂が出たら蜊を食うな。
陸中盛町附近。

二二三　麦の穂のドット出た頃イダコがうまい。
紀伊北牟婁郡長島附近。イダコは飯蛸。味もよいが値段も高い。

二二四　麦の穂の出揃う頃に膿胸をわずらう者が多い。

福岡市附近（医学士遠城寺宗徳氏）。膿胸とは肺炎の後、肋膜にウミがたまるをいう。小児の罹り易き疾患。

二三五　麦の穂の出る頃鶉が多く現わるる。

鹿児島県甑島手打村の諺。年中棲息し居れどこの時季に最も多く見ゆという。筑後川口近く両開村浜武村辺りの麦の伸びし五月末頃、チッカラーの声を聴きつつある著者には難なく首肯さるることなり。

二三六　真竹の筍の出る頃狸の仔は這い廻わり始むる。

豊後玖珠郡日出生台附近の諺。

二三七　木の芽出し。

紀伊有田郡中部の諺。春季樹木の芽出、就中柿の芽出し頃、陽気の為か、気の狂う人の出ることありとの経験より、人の頭の働きに異状あるやに察せらるるや、「木の芽出しだから」という。

二三八　猪は木の芽さしに孕んでナガシに産む。

土佐物部川上流別府附近。猪についての言い伝え。

二三九　木の芽ウサギ。

備後庄原西城地方。兎の最も味よき旬が木の芽ざし頃との意である。

二三〇　欅の芽がほぐれると鹿のクリダシが盛になる。

日光附近の俗信。概ね五月中旬になるという。クリダシは出没徘徊をいう。（下村兼二氏）

二三一　鹿は木の芽の吹きぞめ頃から田植盛り頃までに鹿の子に着換える。

東三河横山村附近の諺（早川孝太郎氏）。黒ずんだ冬毛が抜けて赤地に白斑の美しい夏毛に替る期間を示すもの。

二三二　モマ（ムササビの方言）はクヌギの芽が出ると出て来る。

日向三田井町附近。

二三三　カラシギ刈る頃鹿が仔をなす。

陸中五葉山麓の古諺。カラシギとは枯し木？　稲田に入るべく刈る緑草。紀州ではヒタキといった。なすは産む意。

二三四　鹿の仔が産れ落ちて後雨がかかると最早人手で捕えられない。

日向東臼杵郡祝子川上流地方、対馬刈藻地方の諺（西山仙蔵老人）。生後蠢動中は警戒鈍けれど、一旦雨滴を受けて忽ち野性を自覚し来るをいうなり。

二三五　イチゴのウレル時分にムササビが産まるる。
大和大台ケ原山附近の猟師の諺。

二三六　ホウホウ鳥が出ると熊も洞穴から出る。
岩代只見附近猟師仲間の諺。ホウホウ鳥とはツツドリの方言。若き熊は冬眠より三月末に出るが、牡熊は出方が遅い。

二三七　熊のイチゴ放し。
陸奥中津軽郡西目屋村川原平。親牝熊はその仔を伴うと二ケ年目のイチゴの熟する頃、その仔をそこにつれ行き、仔共がその旨さに熱中せる隙を狙って、その仔をおき去りにしてわかるるにいう。

二三八　柳の芽が出初むるとオオルリやヒタキが現わるる。
陸奥浄法寺村附近の諺。

二三九　山毛欅の芽が出たからアオバトが来るぞ。
福岡県八女郡星野村附近の俗諺。（吹春浩氏）

二四〇　雀の子が若葉に半ばかくれる位になると種蒔きせにゃならぬ。
隠岐海士郡海士村附近の諺。

二四一　ガッポウ。

長門萩地方、筍の方言。カッコウの方言ガッポウ。ガッポウが来ると筍が出る。依って筍をもガッポウと通称す。

二四二　イチゴがむるるとカッコウが啼く。

対馬伊奈地方の諺。むるるは熟する意。

二四三　カッコウが鳴くと種を蒔かにゃならぬ。

長門阿武郡高俣地方の諺。籾を意味するらし。

二四四　カッコウがさかるとトロロの芽が出る。

陸中鳴子温泉附近。さかるとは啼くという心。陰暦四月下旬頃なりと云。

二四五　ウグイスの声を聴いて苗代に種を蒔く。

山形県最上郡東小国村堺田附近。(有路慶治氏)

二四六　イモオヤシが鳴きそめた。

筑後矢部村北矢部の諺。イモオヤシとはヤマイボの方言。この鳥の来鳴く時季は矢部地方では、甘諸の植え頃なるにいう。(第一六六項参照)

二四七　カッコウバナ。

陸中早池峯山南方附馬牛村附近にて、アツモリソウの方言。この花の咲く頃、郭公来鳴くより起りしという。秋田県下にてもいう由、気候大凡相似たるによるならむ。

二四八　カッポー花。

備後東城附近の方言。この花は毎年カッコウの来鳴く頃、盛に咲くよりいう。大型黄樺色の花、総房状花序を撒形に排列している。標準和名コウレンゲツツジ。

二四九　カッコウは百五に来る。

三日前に来れば豊年三日後れれば凶年、陸奥三戸町長坂。

二五〇　豆蒔鳥が啼くから豆を蒔かねばならぬ。

古来近畿地方の俗信。カッコウにこの名あるはこの俗信より来る。

(附) 別にムギマキという鳥あり、多分麦蒔と季節の関係あるならむ、未確。

二五一　カッコウが啼くから大豆を蒔かねばならぬ。

信濃東筑摩郡明科附近の諺。蕨をとりに行って休息していると、梢の方で澄んだ声で啼くのを耳にした。その時人々は思い出したように、大豆を蒔かねばならぬという。(東京神田森田館女中君、

但し越後東蒲原郡西川村室谷出身）

二五二　トットが鳴き出したから粟を蒔け、カッコウが鳴くから豆を蒔け。

右は青森県下北郡田名部町の諺。

二五三　カッコウが鳴くから粟を蒔け、トットが来たから豆を蒔け。

陸奥中津軽郡西目屋村砂子瀬。

二五四　カッコウが鳴くと大豆を植えよ。

陸奥大畑。

二五五　トートーが鳴くと稗を蒔け。

陸奥大畑。トートーは筒鳥。

二五六　トットが来たさ粟を蒔け、カッコウの来たさ豆を蒔け。

陸中早池峯山南方村落の諺。トットは別名、トントンドリ又はオットンドリともいう由。ツツドリらし。

二五七　ヒョウタンドリがないたから粟を蒔け。

右は備後東城地方の諺。その鳥の声瓢箪の口を敲くが如くポンポンと鳴る。民俗又その瓢箪の中に粟を納めて種蒔時季を待つという。これは深き理由あるに非らじ、納めおくに利便なる為なるべし。幾分興味もこもって。

二五八　カッコウが鳴くから稗蒔き。

陸中盛町附近。

二五九　カッコウが啼くと大豆を蒔かねばならぬ。

伯耆東伯郡福本附近。信州では豆蒔鳥とさえいう。

二六〇　ガッポウが鳴くと黍の植付が後れた。

土佐檮原広野附近。又ジジジが鳴くと仕つけが後れた、ともいう。

二六一　郭公が啼くと山藷の蔓が出る。

郭公が啼くと大豆を蒔かねばならぬ。

越後東蒲原郡西川村室谷附近。

二六二　トットが来たさ豆を植えよ、カッコウが来たさ粟を蒔け。

羽後鹿角郡老沢附近。（第二五六項参照）

二六三 郭公が鳴くから豆を蒔け。
陸奥下北郡川内町大畑町あたり。

二六四 ホトトギスが鳴くと山の藷が芽を出す。
伯耆東伯郡福本附近。

二六五 今朝来鳴きいまだ旅なる時鳥花橘に宿はからなん　読人不知

二六六 トドは八十八夜に来る。
陸奥三戸町長坂。トドとはツツドリ。

二六七 トットに籾蒔き、カッコに粟蒔き、ホトトギスに田を植えよ。
秋田県北秋田郡荒瀬村鍵滝附近の諺。トットは筒鳥の方言らし。この辺、籾の苗代の下さるる前、人工的の温め方を施すが常なり。

二六八 ヤマドリは木の芽頃が旬。
備後東城附近の諺。「キジは寒中、ヤマドリは木の芽頃。」

二六九 ダオが渡って来たから田の支度にかかろう。

陸奥下北郡大畑附近。明治三十年代まで実在せし状況。ダオとは朱鷺の方言。今や史上の諺となった。

二七〇　ガラッパグサが咲くとカッパが渡る。

鹿児島市内の諺。ガラッパ草又はカッパグサ。ドクダミの方言。民俗、この草の花盛りにカッパが海より陸に昇り来て小雨の夜陰渡るという。所謂、カッパとは渡り鳥のシギ、チドリ、就中、アオアシシギ、キアシシギのチャウチャウの呼声を想像の河太郎の声と聞做せるなり。

二七一　帰りのシギや千鳥などの夜中に鳴き騒ぐと、その翌日か翌々日かに雨が降る。

筑後両開村新開にて四年に亙る毎初夏の実験。昭和二年五月一日、川口例によって橋本農場に赴く。途中、羽犬塚の南方にてサシバの低からず（地上約二十米）飛ぶを認む。約一時間の後、新開に立ちしに、昨夜はシギの騒ぎに安眠出来ざりし由語られしが、午前十一時より十二時頃までの間京女シギの水浴するもの夥しきを認めたり。翌二日払暁より快く降りたり。

二七二　麦が黄ばんで程なく野鵐が下がる。

甑島里村附近の諺。下がるは南下の意、川口云、これは下がるに非ず事実上るなるべし。北帰の頃なればなり。

二七三　麦枯らし。
葦切の方言（土佐）。オオヨシキリの渡りの現わるる頃、麦漸く熟し始め赤らみかけるより名づけられしものなるべし。

二七四　雉は麦のうれる頃からさかり、刈収めの終る頃産卵する。
土佐幡多郡柏島附近の諺。麦の刈跡に甘藷を植え、その後二十日ばかりを経て第一回の手入をする頃、抱卵中、早きは孵化しているのもある。

二七五　那智山に雲がかかったら雨がふる。
紀伊木の本町東南鬼ケ城附近から春季西望しての予報。

二七六　鵜の巣が高ければその年は洪水あり。
肥後八代地方の俗諺。（林六郎氏）

二七七　ササバチが軒に巣くえば時化がある。
紀伊那智附近。

二七八　鳶が高く舞えば晴。
作州津山地方の諺。（青木勘氏）

二七九　雞が夕方晩くまで食を漁ると明日の天気わるし。
筑後山門郡内、及び肥後神の瀬附近の諺。

二八〇　雞が早く塒につくと翌日は快晴、遅くまで漁り食うと翌日は雨。
肥前三養基郡旭村附近の俗諺。

二八一　初夏の渡りシギが夜陰啼き騒ぐと程なく雨が降る。
筑後地方殊に有明海沿岸に於ける実験。第二七一項既出。

二八二　仕付け頃鵜は岸壁に出入しその子はそこから顔を出している。
佐渡西北海岸小田附近の猟師の諺。仕付けは植付けの意、人々は又さつき頃ともいう。五月下旬より六月上旬にかけていう。

二八三　春蚕の桑摘頃水雞の卵が見つかる。
越後三条本城寺村附近。方言「鐘叩き」、卵が見付かると吉兆として小豆飯を炊いて祝う。（外山暦郎氏）

二八四　楢の芽のおえる頃クマタカの卵が産まるる。
秋田県鹿角郡宮川村附近。

二八五　茶摘みの最中にコーゾーの子が巣立する。
筑後八女郡横山村納又落合附近の諺。茶摘みの終頃には皆出し終っている。

二八六　新緑の葉末を軟風が吹く頃ウグイが釣れ始むる。
越前足羽川中流に於ける俗信。桜イダ（筑後八女郡大淵村附近）は群れ遡る頃なるが、その頃は網、新緑の今や漸く鉤にかかる。

二八七　苗代鯵。
日向高鍋地方の諺。その頃味よきより云。

二八八　苗代カイグレ。
紀伊田辺附近の諺（鈴木昇三氏）。カイグレはグレの一種なり。苗代頃味最も美しとの意なり。

二八九　野薔薇の芽が出そむるとアナガラが釣れる。
隠岐西郷附近の諺。アナガラ又はシャウコは「カサゴ」の方言。（岡部武夫氏）

二九〇　柳の芽が出るとヤマベやイワナも出る。
山形県最上郡東小国村附近の諺。積雪の融けずとも出るという。ヤマベは側面に斑なく、イワナには存すと云。

二九一　山椒の芽が出ると鱶の肉が旨くなる。
日向高鍋地方の俗諺。（有留喜義氏）

二九二　山椒の芽の出始むる頃田螺が旨い。
紀伊の俗諺。田螺を沼田などより拾い来り熱湯にて茹でその肉を抜きとりこれを酢味噌あえにして、それに山椒の若芽の香の高きをあしらって賞味する風あり。

二九三　カマツカの山椒味噌。
筑後川上流浮羽郡の諺。山椒の芽出し頃の味噌あえが最も味よしとの意。山椒の芽出し頃より魚動き始め芽の可なりに伸びし頃より盛に出働し始め、網にもかかる。その魚は味噌にあしらうが最も風味よきを経験しての諺なり。

二九四　緑山は鰤の末頃。
甑島青瀬附近の諺。前記、第八五項の同じ島の諺「桜の花の散る頃は初鰤」と対照して興あり。

二九五　アメノウオは茶摘み頃に旨い。ウグイがまずい。
伊勢領内村附近。その頃ウグイが最も劣る。初春は味がよい。

二九六　麦ハンサコ。

豊後竹田附近の諺。ハンサコはイッサキの別名。麦の出穂最盛期がこの魚の最好味季節なりという意。（拝郷助人氏）

二九七　小麦を刈る頃猪の両巣が見付かる。

信濃下伊那遠山郷。

二九八　麦の刈穂を敲く頃カッコウが来る。

備後尾道附近。

二九九　麦がうれて来るとムギツキが啼く。

ムギツキ（熊本県百済来村附近方言）。ムギツキ（大分県境夏木山麓方言）。中にはヤマイボをかく呼ぶものあり。而してその猟師などはヤマイボとアオバズクとを明識しあり。ムギツク、徳島市附近。

三〇〇　ムギシャッパ。

（山口留吉氏報）筑後三潴郡山門郡、肥前三養基郡にていう。シャッパはシャコを意味す。シャコは麦の熟す頃最も美味なりとの意なりと云。

三〇一　麦藁鯛。

出雲簸川郡十六島附近鰐淵村、麦藁の出来る頃、鯛の漁獲多量にして廉価なるにいう。

三〇二 麦藁バッ。

伊予北宇和郡上灘村の諺。麦の収穫片付きて藁屑の捨てられて入江にかたまり浮く頃、ハツ即ち鰤の群れ来て、夥しく網にかかるより、かくいう。その頃、鰤は味至ってまずけれど沢山漁獲さるるより人々の注意を特に惹く。

三〇三 麦刈頃のタバメが旨い。

薩摩阿久根附近の諺。タバメはタマメの訛？ 石ダイ、フサ、黄色を帯び普通の鯛よりも長く見ゆ。

三〇四 ムギワライサギ。

紀伊東牟婁郡古座港附近。麦藁の束ねらるる頃、イサギの漁獲も多く味もよしとの意。

三〇五 麦藁イサギ。

紀伊田辺町附近の諺（鈴木昇三氏）。麦藁の出来る頃イサギの味最も美し、との心なり、第二九六項豊後竹田の麦ハンサコの項参照。

三〇六 麦の色づく頃と稲穂の波うつ頃とが鰻の一番よく食いつく時期だ。霜が降る頃は釣れなくなる。

東豊前、北豊後辺の実験。（丸山敏雄氏）

三〇七　メチカは麦のあこむ頃磯のツツジが咲きそめてから漁れる。

甑島平良附近の漁業者の諺。メチカは又の言ノドグロ……（魚の名）。あこむはアカラムの意なり。

三〇八　麦ウマセドリ。

壱岐の俗諺（山口麻太郎氏）。この鳥が鳴き出すと麦が熟して来る。この鳥が鳴き出すと、芹に毒が出来る。アオバズクなるべし。

三〇九　麦烏賊。

伊豆修善寺附近。小型のバショウイカ、麦の熟する頃多く漁れるよりいう。

三一〇　麦のあくむ時は鰹の来る旬。

紀伊古座港附近。あくむは赤らむの意。

三一一　野麦が赤らむ最中に俄雨が降ると川々に魚が著しく上って来る。

丹波の山郷。

三一二　麦の赤らんでからの大雨の後堰川の濁流で鯰とキギとが多く釣れる。

紀伊有田郡中部田殿村井出の堤防外の疏水をこの頃釣れば多く釣り得らる。五月雨の一時に降りて濁水の出ばなには塵芥など押流さるるより釣は程よからねど一時間も経て濁流にゴモク（塵芥）の少くなりし頃より二時間許は無造作に餌につく。俗諺。実際も亦然り。

三三　カチガラスが見えたから麦を刈らねばならぬ。

肥前五島奈留島船廻郷の諺。カチガラスとはミヤマガラスの方言。この地方にては春季渡り帰る頃が恰も麦の収穫期となるなり。川口云「麦を蒔かねばならぬ」の思い違いなるべし（余に伝えし人の）。

三四　麦が豊年なりゃ米も豊年。

紀伊西牟婁郡万呂村附近。米に花咲きゃ豊年じゃ。（鈴木昇三氏）

三五　雨の年はイワシ、アジ等豊漁である。

三六　春の東風はニシン少く南風多ければ鰯は豊漁。

三七　サナボリよこい。

筑後三井郡筑後川沿い地方の挿秧後の休暇。サナボリ――産物録に云、形鯊の如く又小白に似たり、目は頭上にあって甚だ相近く五分ばかり、一百余頭なるべし味美なり、五月末より長夏の頃に至って川に上る。

三八 子鯵が出て来たらハモの延縄によくなる。
伊予宇和海の漁師の諺。旧五月下旬頃、生き餌のふさわしきを獲易き頃なり。

三九 桐の花が多く咲くと烏賊が多く捕れる。
陸奥下北郡東通村字入口。

三〇 富士川の両岸の山吹の花盛りの頃は山児魚が最も旨い。
山梨県西八代郡市川大門町附近の諺。まだ雑食性を発揮せぬ頃故なりと身延山の行者いう。

三一 ヤマゼは桜鯛豊漁の前兆。
讃岐の海浜一帯の諺。ヤマゼは南風。瀬戸内海の水温摂氏九度に鯛は漸く入込む。その後南風徐ろに至ると必ず豊漁をみると伝えられている。

三二 タイタイ鳥（筒鳥の方言）が啼けば鯛が周防灘で漁れ始める。
（羽前筑上郡求菩提山附近の諺）

三三 カッポードリが鳴き始めたからフルコ切らにゃなるめい。

筑前雷山地方の諺。フルコは古草の意らし。春にかけて山焼きの砌、特に刈り残こしおき、カッコウの鳴声を聞くと、刈取って田に入れて田植の用意する由。(安部幸六氏報)

三四 榎の葉にスズメがとまっても見られなくなると稗をまかねばならぬ。

佐渡金北山東地方の諺。

三五 けとけとが啼けば手苗を捨てて豆を蒔かねばならぬ。

紀伊の民謡。ケトケトはカッコウを意味するに非ずや、未詳。カッコウに非ず、ヨタカなること判明したり。奥州にてはヨタカをナマスハタキという。これはその鳴声に因みし方言なり。

三六 黍蒔くや夏尚寒むき筑波山　鶯々

三七 コカンボが咲くと大豆を蒔かにゃならぬ。

筑後八女郡横山村附近の諺。コカンボは合歓木の方言?　季節合せず、懸案。

三八 稗蒔翁、稗蒔婆。

木曾駒ケ嶽の峰、将棋頭の北東面に、伊那町以北より望みて、雪の消えのこりし形。

三九 コーカの最初の花に豆を蒔け、次の花に粟を蒔け。

（螢尻の第一の花に大豆蒔け第二の花に粟を蒔け）ハチクがぬけたら大豆蒔けマダケが抜けたら粟を蒔け。豊後大野郡長谷川村上畑附近。

二三〇　田植が来れば柑橘のススが生える。

紀伊西牟婁郡万呂村附近の諺。農家は其頃消毒を始めるが常なり。（鈴木昇三氏）

二三一　田植始まりゃ楊梅食える。

紀伊田辺町附近の諺。（鈴木昇三氏）

二三二　黄イチゴ実れば田植の時じゃ。

紀伊（鈴木氏）。日向にては黄イチゴの実りとホトトギスとを関聯させている。歌集ではホトトギスを田長鳥と詠む。

二三三　薑の芽は田植歌を聴かにゃ出ぬ。

肥前三養基郡田代村神辺附近の諺（大石亀次郎氏）。ここでも「ショウガ」という。挿秧期に至って地上に発芽するにいう。

二三四　ミズシの花が咲くと田植せにゃならぬ。

筑後八女郡横山村附近の諺。ミズシはミズキの方言らし。

三三五　栗の花の最中は田植の最中。
伯耆東伯郡東竹田村附近。

三三六　栗の花盛りに田植。
美作勝山町附近。伯耆東竹田村附近参照。

三三七　田植白鷺。
筑後柳河古諺（下村兼二氏）。　シラサギは昔多く棲息せし頃にても田植時季に特に多く現われしよりかくいいしなり。昭和の今日にては猟期の開始より少し以前に現われ十一月さし入り頃までは徘徊すれど、その後目につくことなし。

三三八　アオバトが盛に鳴くから田植も終頃となった。
青森県下の諺。同地方にては五月上旬に渡来十月頃渡去るを常とす。鹿児島宮崎両県下にては十月末出現。四五月頃去るを常とす。

三三九　ホトトギスのさかり頃田植する。カナカナセミの鳴く頃盛に成育する。ミンミンセミの鳴く頃稍々熟する。
山形県最上郡東小国村附近の諺。

三四〇　オープ山の雪の残りが馬一匹に見ゆるから田植をしなければならぬ。

陸奥中津軽郡西目屋村砂子瀬。

三四一　三白草（ハンゲショウ）（一名カタジロ）の葉の一枚白くなったら田植えの時季だ。

宗像郡上西郷村字上西郷にての諺。（安部幸六氏）

三四二　栗駒にスビ型が出ると田植を始めよ。

宮城県仙北地方の諺。スビはシビ即ち鮪の意。積雪の残り方にいう。（熊谷三郎氏）

三四三　筍が網を張れば田植時となる。

豊後竹田附近の諺。網を張るとは若竹となること。（拝郷助人氏）

三四四　白いサツキが咲くと山にホービ筍採りに行け。

伯耆東竹田村穴鶴附近。ホービ竹はステッキに使用さるる小竹。

三四五　梅田椎麦。

肥後玉名郡春富村附近の諺。梅の結実良好の年は米作佳良。椎の結実佳良の年は麦作良好なりとの意なり。

二三六　竹に実の生る年は饑饉だ。
日本民俗一般にいいたり、旧記が普及せしめたるものなるべし。

二三七　メジロの多く渡り来ると梅が多く実る。
ヒヨドリが多く渡り来るとカタシが多く生る。
右二項、甑島上甑村中甑附近の諺。カタシは山茶花。

二三八　雷が鳴るとトウマメが落つる。
筑後国分倉鍵太郎老の解、雷鳥は降雨を伴う、降雨は蚕豆の花を霑らし結実を完からざらしむるよりならむ云々。

二三九　木六竹八あやめは五月草野又六は今が斬り時。
筑後大堰附近。草野又六筑後川を堰いて灌漑に便せんと企て、幾度か洪水に妨げられて竣功せず地方民衆その負担を嫌い、寧ろ又六を屠りて厄を免れんとの落首となりしもの、この諷刺に屈せず遂に大堰に成功し、民今に至るもその功に幸しつつあり。

二五〇　玉蜀黍の実の筒の出来た頃仔狸は親狸ほどになっている。
伊予上浮穴郡久万附近の猟師の諺。土佐檮原村でも。

三二一 カラシギ刈る頃鹿は仔をなす。
陸中五葉山南麓地方。カラシギは稲田になす為に刈る緑草にいう。なすは産むの意。

三二二 ハナクサイチゴが熟るる頃鹿の仔が産まるる。
右は対州佐護の諺。

三二三 キイチゴ（ハナクサレイチゴ）のうむ頃鹿の仔が産まるる。
対馬佐護附近の猟師間の諺。ハナクサレイチゴはキイチゴの方言。

三二四 ナゴランの花盛りが猪の旨い時だ。
奄美大島の諺。（長崎県北松浦郡相の浦吉田憲一医師の談、安部幸六氏取次）

三二五 コツカルの洗雨。
八重山島の諺。コツカルはアカシャウビンの方言。啼声を聴いて梅雨の近づきしを予知する風あり。

三二六 田植頃にコマドリが鳴く。
薩摩紫尾山麓泊野附近の諺。コマドリとはアカシャウビンの方言。

三二七 「いわなし」の実が弾けるとカッコウが啼き始める。

山城上加茂辺の俗信。

三五八 黄イチゴの実がうれるとホトトギスが来鳴く。

日向高原村狭野附近の諺。木イチゴを意味せず、実の黄色にして五月中旬黄熟するものをいうなり。

三五九 栗の穂が垂れ始むるとホトトギスが雛になる。

山城比叡山附近。栂檀（樗）又は空木サツキなどの花と杜鵑の来鳴くとは伴えること古来周知のこと。

三六〇 ムギツキが啼くから明日はムギ刈らむばん。

（百済来村辺農夫の語）

三六一 燕の水ハチ。

紀伊有田郡中部の諺。降雨の前日頃ムーッと蒸し暑き時、ツバメが貯水池の水面近くを掠めて反復飛翔するをいう。降雨の前兆という。これは、浮遊昆虫の飛翔（水面近くを）するを採り食わんとする所作なり。

三六二 コメが産んで終ってから三四日経っとオロロが産み始める。

松前郡大沢村白神附近。

オロロが子を連れて出始めると「テンカラ」が盛に漁れ始むる。

テンカラは魚の方言。黄色の形稍々平たい多少オコゼに似た魚、四月上旬にも漁れる。しかし最盛漁期は六月以後らしい。

三六三　桜の実にアオバトが来る。

阿波奥木頭村北川附近。赤樫白樫多く実る。冬季それを主食物として過ごしたるアオバトの中、春季、桜の散りて実の熟しそむる頃まで居残りて来り食うものあるにいう。

三六四　鱒鴨。

陸奥岩屋附近。この鳥が来たら鱒を釣り始める。マスガモはアビ、及びオホハムの総称。この鳥類は鱒の出現を知って現わるるよりいう。

三六五　入梅期にカツオが獲れる年はその年はカツオの大漁である。

三六六　梅雨からは「大ぐれ」が釣れ始める。

紀伊西牟婁郡万呂村附近の諺。(鈴木昇三氏)

三六七　鰻は梅雨につれて最も多く上ぼって来る。
肥後宇土附近の諺。下りは土用から始って九月頃の雨につれているという。

三六八　真竹の末が藪の上につき出る頃ウナギが最も多く釣れる。
久留米地方の諺。成竹の末は多少撓むが常なり。若竹の伸び切った頃は成竹の末より抽ん出て立つが常なり。ウナギはその頃鉤にかかること多きは事実なり。（中島麟太郎氏談）

三六九　梅雨中の鰻を食うと中る。
紀伊の俗諺。元来、鰻と梅干とは食い合せなり。梅雨中には川沿の梅の実未熟のまま流れに落つ。鰻その水を呑みて生活す。故にその頃の鰻を食うは、食い合せのままを食うことになればなりと説明せらる。

三七〇　田植イズスミ。
紀伊田辺附近の諺。田植頃イズスミは最も不味なるに云。イズスミは魚の一種の方言、グレ（黒鯛の方言）に似て円みかかり、鱗小さく縦に数条の斑あり。（鈴木昇三氏）

三七一　田植頃が飛魚の最も多く漁れる時だ。
紀伊西牟婁郡有田村附近。風味もその頃はわるくないという。

三七二　粟蒔きドンコ。
筑後瀬高町附近の諺。ヨシノボリ（方言キシキシドンコ）の幼魚は粟蒔き頃に矢部川を泝るよりいえるならむ。

三七三　マメマキウグイ。
陸奥下北郡田名部町附近。春も進みて田名部川にウグイの若きが遡る頃、大豆を蒔くを常とす。転じて大豆蒔きの季節にウグイが遡上するともいう。

三七四　鰯が来るとゴメが来る。（海猫）
鱒が来るとカモが来る。（阿比）
コーナゴが来るとカモがついて来る。
陸奥下北郡東通村字入口。

三七五　梅と真竹の筍とが市場に出る頃水天宮下に「サヨリ」が群れて来る。
久留米市内筑後川沿岸の言い慣わし。サヨリとはカマスの小型のような魚、長さ四寸位にて細く下嘴の長く突出したるを特徴とす。暗夜篝火に対して水面近くを群れて寄り来る性あり。

三七六　クイナが啼くと烏賊が漁れる。

佐渡加茂村附近漁師達の諺。

三七七　梟が霄に啼くと鰹が漁れる。
紀伊田辺附近の俗信。暖潮の押寄せ来って鰹を伴う。この暖潮が海辺の気候を和らげ、梟亦自ずと啼く？

三七八　ソッコウドリの鳴く頃磯のヒナの尻が瘠せる。
甑島上甑村字中甑附近の諺。ソッコウドリとはカッコウの方言。ヒナは蜷の方言。

三七九　ヤマベ釣りには河鹿の卵に限る。
上野利根郡川場附近。河鹿の卵を収めこれを塩に漬け、釣に出かける前これを引上げ、極めて薄く蚕の繭にて包み（崩れぬよう）これを鉤にさして試む。この季この餌が彼地方でヤマベ釣の最適法と認められている。

三八〇　雪白が出初める頃河鹿が卵を産む。
上野利根郡川場附近。雪白は第四十八項参照。

三八一　蟻が座に上れば大雨が降る。
豊後竹田附近の諺（拝郷助人氏）。座は座敷の意。

三八二　猫が前肢で顔を拭き始めるのは雨の兆。
紀伊有田郡中部の諺。

三八三　蜉蝣が臼搗くは雨の兆。
紀伊有田郡中部の諺。

三八四　鵲の巣の高く架かった年は風が吹かぬ、低くかかった年は風が吹く。
筑後佐賀の鵲蕃殖地域の諺。これは鳥の巣に関して和漢三才図会の記事の顰に倣いしもの、根拠の乏しきことなり。

三八五　カッコウが鳴くと晴れる。
陸奥下北郡川目附近。郭公が細雨中盛に啼く時はやがて晴るる。

三八六　羽蟻が電燈に集って来ると雨が近い。
岩代南会津郡檜枝岐附近の諺。昭和七年八月五日午後七時半より多く集る。翌六日夜、尾瀬沼長蔵小舎にて雨降る。

三八七　コウカの木の一番花が一番草、二番花が二番草、三番花が三番草。
豊後竹田附近の諺。田の草取りの時期をいう（拝郷助人氏）。合歓木と分明す。

三八八　夏の土用に入ってホトトギスが鳴くと豊作。
陸中五葉山南麓。

三八九　杉の皮剝ぎは夏の土用。
紀伊西牟婁郡万呂村附近。（鈴木昇三氏）

三九〇　大根は土用の露を受けて三日してから蒔け。
下野塩谷郡湯西に於ける自然暦。

三九一　水雞が稲田に巣くうとその稲は豊作だ。
佐渡中央部の言いならわし。豊作な位の稲に好んで巣くう。何れが因やら果やら面白きところ。

三九二　夾竹桃の咲いている間は酒のヒオチに油断がならぬ。
筑後地方杜氏間の諺。ヒオチとは澄み滞り酸敗する方言（又通語、術語）。昔は十一月より翌三月頃まで造込み酒の調熟早かりし故、右の諺生れたりしならむ、今の造り方にては熟し方遅し、故に憂少し、殊に醸造法の発明は米の必要を感ぜず季節を選ばざるに至らむか、右の諺は確に史料として残るべきものとならむ。

三九三　椿接いで水うち崩す雲の峯　　青々

夏の土用に接木すれば良く根づくという。

三九四　山黍の花咲く頃仔を連れた狸がそこに出て来る。
土佐高岡郡広野附近の諺。ヤマキビとは玉蜀黍の山地に植えしをいう。里よりも稍々後れて咲き、筒の出来た時期に狸の仔を連れたのがよく見える。

三九五　山百合の花盛りに熊が出る。
下野日光附近の諺（下村兼二氏採集）。七月頃になる。

三九六　行々子は祇園様の御祭（陰暦六月十五日）から口がさけて啼けなくなる。
佐賀市附近及び柳河町地方の俗諺。蕃殖は七月中旬には全く結了するから、啼かなくなるのは事実である。尤も小声ではなおなお後まで啼いている。

三九七　葦五位の多い年は秋は鳥が多い。
筑後柳河町附近の猟師の諺。必ずしも然りとはいえない。現に十四年度の如きヨシゴイをみること多し。然るにその他の鳥の多くを見ず、却って昨年よりも少きに非ずやとまで考えしめらる。

三九八　花盛りの大豆畑の中からウズラの子が飛び出す。
熊本県阿蘇郡波野村附近、猟師の諺。彼地にては古来ウズラの蕃殖を見る地方とて、その実験より来れる語りつぎなるべし。

三九九　ヤマドリスダ。

筑後八女郡矢部村附近の諺。スダは歯朶の訛、ヤマドリスダはシダの一種、鸐雉それを食う頃は肉に臭気あり食うに堪えず。里人その歯朶をヤマドリスダという。

四〇〇　桑椹熟する時鵲殊に多しと云う。

重修本草綱目啓蒙、鵲の条。この鳥東国に来らず、筑前後、肥前後には多し。

四〇一　稲子を食うと雞が羽が抜ける。

佐渡国中地方の俗信。

四〇二　稲子を食うと雞の羽が抜ける。

羽前西置賜郡北小国村附近。稲田は刈られて稲子は漸く垣根に近寄る。その頃は雞の換羽期である。

四〇三　サンマ、イカは西北風の吹く年は豊漁。

四〇四　二月より六月迄に閏月のある年はイワシが豊漁、七月後なればサンマ、タイが豊漁。

四〇五　和布刈とアワビの口開き。

志摩和具村附近の漁業暦。口開きとは漁業開始の意。

四〇六　照る年はカツオ、タイ、ブリ、タコ、ウナギが豊漁。

四〇七　鰹鳥が鳴くと鰹の漁がある。

紀州田辺近傍で、木菟を鰹鳥と呼び、この鳥鳴くと、鰹の漁獲有るとて、漁夫この鳥を害するを忌む。（南方熊楠氏）

四〇八　盆北が強くなって船がコロコロ波にうたたる日マンビキが張り網に多くかかる。

五島中通島立串附近の諺。マンビキとは魚の名。

四〇九　夏の土用中の蟹は蛇の卵を孕んでいるから毒だ。

秋田県大曲地方の諺（佐藤堅之助氏）。蕃殖作用に関係あるものらしく察せらる。

四一〇　アジサイの咲きそめが姫鱒が最もよく釣れる。

陸奥八甲田山南東湯沼地方、タニアジサイの夥しき地方。

四一一　クロハゲ（単にハゲともいう）はシオカラトンボが多く飛び出してから漁れる。

紀伊潮岬附近。シオカラトンボとは精霊蜻蛉の方言。

四一二　ジクシン実れば晩春蚕の掃立。
紀伊北部紀の川沿岸？　の諺。ジクシンとはイヌビワ、或はコイチジクの方言。（鈴木昇三氏）

四一三　梅雨が過ぎてもチーセミが鳴かにゃ晴ときまらぬ。
筑後高良山麓。チーセミとはその鳴声に因みし方言。

四一四　百合の花が咲けば梅雨は降らぬ。
肥後八代郡沿海地方俗諺（林六郎氏）。梅雨過ぎて咲くという意。

四一五　葵の咲き終りがナガセの晴れ。
肥前神崎郡蓮池附近の諺（陳内利武氏）。ナガセは梅雨の方言。

四一六　凌霄花と溝萩との花は盆を思い出さるる。
紀伊、有田郡中部の自然。

四一七　合歓木の花が七変りすると盆が来る。
岐阜県揖斐郡久世村附近の諺。

四一八　踊子蜻蛉。

近畿地方、精霊蜻蛉の方言。盆に精霊を祭り、又踊を試む。その頃多く出現するより来りし名。

四一九　浜木綿の花が咲きそめたら潮雲が来る。必ず土用波が騒ぐ。
紀伊潮岬附近。

四二〇　土用波が立つと二百十日に時化がない。

四二一　夏の土用に東風三日吹きゃ米の相場が下がる。

四二二　土用の稲妻、千石光り。
以上三項、紀伊西牟婁郡万呂村附近。（鈴木昇三氏）

四二三　マオが鳴くと必ず天気がわるくなる。
陸奥恐山々中。マオはアオバトの方言。アオバトは霧多き夕方頻に鳴く。

四二四　アオバトを鳴かすな、雨が降るぞ。
紀伊西牟婁郡有田村附近。拙く尺八を吹くとかくいう。実際アオバトが鳴くとその後程なく雨が降るより、かく譬えて軽くひやかすのである。

四二五　雨乞の際鰡を得ば近日雨ふる。
台湾風俗志（八〇八頁）

四二六　一足鳥が朝群れて洞を出るとその日の中に雨がふる、夕方群れて出れば明日は晴天なり。
肥後球磨川神の瀬鐘乳洞附近の諺。一足鳥とは標準和名イワツバメのことなり。
（大正十年、川口自身実験）

四二七　ホタルの幼虫が岸に登って来ると大水が出る。
越中魚津附近の諺。（塩田行氏）

四二八　雨燕が飛ぶから荒れるだろう。
紀伊有田郡中部地方の諺。雲行荒く不穏の空模様となりて、アマツバメの鎌型の風切羽に細く鋭くピュウ！　と風を切って縦横に翔けるを見ていう。実際、その空模様を見ば雨燕飛ばずとも判じ得る形勢にこの鳥現わる。頃は野分前なるを常とす。

四二九　西山の細なぎ尻に猿が出たから天気が変るぞ……雨になるぞ。
南信濃和田村和田の諺。

四三〇　三日月が立てば米が高い。

紀伊田辺附近の諺（鈴木昇三氏）。晴つづき旱魃の為というからか。

四二一　玉蜀黍の高い節から根の下がる年は暴風が吹く。

紀伊の俗信。他地方にもあらむ。

四二二　三日月がすくうと雨が多く、立つと晴がつづく。

筑後三池郡附近の諺（永江朝太郎氏）。紀伊有田郡にてもいう。唯「すくう」といわずして「受ける」という。地球と月及び日との関係上、所謂、すくう月と立つ月とが一定し居るに非ずや、と考えしめらる。

四二三　蟻の道切り。

紀伊有田郡中部の諺。蟻の群行列をつくって道路を横ぎれるを見て、やがて雨降らむと見込む。

四二四　五月の菖蒲に雨がかりゃ、犁天に上げ。

紀伊田辺近在の諺（鈴木昇三氏）。大旱魃が来る、との意、犁もて耕し植えても甲斐なしという心らし。

四二五　雨蛙。

降雨に先だつ数刻、喧しく鳴く。その名称もこの習性より来りしものなるべし。全国的に通ず。蛇の木登りは、この雨蛙を狙うこともその理由の一なるべし。

四三六　尾長鳥が出現すると雨が降る。
佐賀市附近及び筑後山門三潴郡辺の俗信。埼玉地方でも。

四三七　ヨコノミが陸に登って来ると海が荒れる。
陸奥下北半島佐井港附近。ヨコノミは磯の虱と俗称せらるる海辺に棲む虫（異脚類）。

四三八　蛇の木登り。
紀伊有田郡中部の俗信。シマヘビ降雨前木にのぼること多し。これより人々はその攀登し居れるを見て直に降雨を予察するなり。

四三九　水恋鳥が啼くと雨が降る。
キツツキがガラガラをやると天候が悪くなる。
共に陸奥恐山々中。

四四〇　年中に中羽交りのイワシの漁獲ある年は翌春鰹が獲れる。

四四一　旧暦五月にマグロの豊漁の年は一般に不漁。

四四二　卯の年及び前後の年は各豊漁である。

四四三　逆潮強ければ鰹は不漁なるもマイワシ、マニシン大漁且つサンマは早くより豊漁である。

四四四　海水冷たい時はニシン不漁、スズキ、カレーが豊漁。

四四五　海水高き時はカツオ、イワシ、雑魚が豊漁。

四四六　込真潮の年は各漁あり。

四四七　竹八月に木六月。

（各々伐り旬）肥前小城郡の諺。「木六竹八」に対句。

四四八　麻のよく成長するその翌年は米が豊作なり。

羽前最上郡東小国村堺田附近の諺。

四四九　ミンミンを聴いてから二十日経つと新米が食える。

岡山県津山在、香々美地方の諺（青木勘氏）。ミンミン蟬の初声を耳にするは、土地の標高その他の関係より平原地方より遅し、而して新米の実りは早し、故に香々美にありてはこの諺生きて存するなり。紀伊有田郡中部にては、「麦は穂を見せてから人を殺す」という諺あり。穂を出してより熟する迄に日数を重ぬるより云えるものなり、対照して面白し。

四五〇　ツクツクボウシが多ければ米が高い。

肥前平戸島志々伎村附近の諺。

四五一　ツクツク法師の鳴く節の多い程米の値が上る。

福岡郊外の俗信。少きは十七八回、多きは四十回、普通は二十二三回より二十四五回なり、と人々いう。いうが儘に記しおく。（下村兼二氏採集）

四五二　ツクツクボーシ鳴き出せば柿が食える。

紀伊東牟婁郡四村附近の諺（鈴木昇三氏）。紀伊有田郡にては、ツクツクボウシ！　ツクツクボウシ、ヅクシホウシ！　ヅクシホーシ！　と鳴く。所謂、ヅクシは熟柿の意、実は未熟柿に虫のつきて紅赤軟化せしに云。

四五三　ツクツクボウシが鳴くと秋の節に入る。

筑前糟屋郡若杉山下の諺。近来……昔から？……東北地方旅行の経験に徴すれば、八月中旬（太陽暦）に往々発声するものあり、併し多数は秋分頃鳴くなり。

四五四　蕎麦蒔きトンボ。

紀伊西牟婁郡二川村兵生辺では、ソバマキトンブという蜻蛉が、丁度鍬の柄の高さに飛ぶ時を待て蕎麦を蒔く。(南方熊楠氏)

四五五 ムズラ星の時刻までに烏賊が釣れなければその夜は駄目だ。

陸奥下北半島尻労附近。

四五六 稲の花の咲そめが鮒の釣りぞめ。

筑後田主丸附近。(林田峰次氏)

四五七 夏ウツボや夏イソモンは旨くない。

紀伊田辺附近の諺。イソモンは磯物、主として貝を指す。

四五八 闇夜に夜釣。

紀伊西牟婁郡万呂村附近の諺。ウナギ及びナマズは夏季の闇夜に釣にかかり易きをいう。(鈴木昇三氏)

四五九 八月ハビ(蝮の方言)は子を吐く為に生木にでも噛みつく。

紀伊俗信。陰暦八月マムシが子を吐く為に牙が邪魔になるから著しく噛みつき廻わる。牙を折って始めて子どもを壮健に出産が出来る。故に牙折りの為に人に遇えば猛烈にかみつく。

四六〇　放生会が来るとクダマキの口が硬ばる。
筑後三井郡大城村附近の諺（平野四郎氏談）。放生会は大陰八月十五日、クダマキは糸管巻きに因みし轡虫の方言、硬ばるは鳴かなくなるの意。

四六一　海燕が高く騒ぐから暴風が来るだろう。
佐渡西海岸。

四六二　カモメが魚捕りに出ている日は荒れない。
隠岐西郷附近の諺。大正十五年八月下旬佐渡の夷港より陸路馬首に向う途中、朝来の雨激しく豪雨暴風水が海に注がるべく躍り飛ぶ潮際に、ウミネコ十数羽激流に向って競い泳ぐ。これは俄水の走りに物を狙いしならむ。

四六三　南瓜の蔓が伸びれば大風。
肥後八代地方。（林六郎氏

四六四　九、十月の投げ木。
肥前小城郡の諺。植替の最適期は九月十月（陰暦）、この時季に投げ植えても育つというなり。（第五〇五項参照）

四六五　稲妻すれば稲が実り出す。
紀伊和歌山附近、有田郡、東牟婁郡四村、節用集などにみゆるものなり。鹿児島県串木野。（第四二二項参照）

四六六　ゾウミの多く実の生る年は凶作。
陸奥下北郡東通村大利附近。ゾウミとはガマズミ。木陰に茂る。干魃ならぬ年に豊熟する。

四六七　彼岸花。
曼珠沙華の方言、開花期が秋の彼岸頃なるより来りし名。

四六八　シビトバナの咲く時は蕎麦の蒔時。
紀伊木の本町附近。死人花は曼珠沙華、秋蕎麦の蒔き時。

四六九　初茸やあんこわかれの十日ほど　梓月
伊香保温泉附近。伊香保日記九月十五日の条に、里人初茸売りに来ぬ、ことしの初ものぞ、こは小野子の麓に狩りぬなどいふ。この里に山駕籠舁くをのこなん麓の村々より来るが多かり、としとし夏にもなれば、湯の客をめあてに登るなり、湯の客散じて後、けふし九月十五日といふ日の夜は、仲間といふ者をこぞりて、つどひて、酒置きて酔ふもしらず、酌みかはす、駕籠舁のあんこわかれとぞいふなる、かくておのがじし、家につきて耕す業にはかへるめり。

四七〇　鹿鳴草。

和名抄に「はぎ」。萩の咲き始むる頃より鳴始むるこころなるべし。

四七一　栗の実の落つる頃熊が出て来る。

陸中遠野附近に残れる諺。九月下旬より十月上旬にかけて人目につくこと多くなるよりいうらし。

四七二　八朔から彼岸までの間、ホトトギスは柿や梨のイラに来て、とぼけて居る。

肥後玉名郡春富村附近の諺。所謂、ホトトギスとは概ねカッコウのことなり。

四七三　シャクナギは八朔の高潮につれて来る。

筑後柳河町附近の古老の間に存する諺。八朔の高潮につれて来るから遠方から来るに相違ない、と云う、シャクナギはダイシャクシギ、ホウロクシギの方言、寧ろこれのみか。

四七四　粟の穂の出る頃カッコウは鳴かぬ。

陸奥大畑。尤もなり、その頃はいない。

四七五　粟が実ればウズラが立つ。

八代郡沿海地方俗諺（林六郎氏）。粟の熟したるに集まるよりいえるもの。

四七六 蟋蟀を食うと雞の尾が抜ける。籾を食うと雞が卵を産まない。

伊予北宇和郡日吉村附近の諺。

四七七 蟋蟀を食うようになったから雞の羽が抜ける。

紀伊有田郡中部。コオロギが雞の脱毛を助成するものなりや否やは暫く後の考究にゆずり、蟋蟀の多く出動して雞の餌食となる頃は雞の脱毛期となり居るなり、コオロギを食うと否とに関せず脱毛するなり。但し生餌の乏しく穀食のみなりし雞共が若し珍らしくもコオロギを多少食うを得る境遇に立てば、営養可良となりて、自ずと脱毛を催進することともなろう。

四七八 蕎麦の花盛り頃には狐に騙され易い。

肥前三養基郡麓村附近の諺。ソバの畑の白さが洪水のようになってみえる、人がそれにだまされると云。

四七九 秋蕎麦の熟れる頃キジは毛がえをする。

対馬伊奈浦附近の猟師の諺。

四八〇 蕎麦の花が咲けば鮎が下り始める。

伊勢大内山川沿岸地方。味は劣っては居る。

四八一　秋蕎麦の花盛りに赤蜂の巣を取れ。

信濃下伊那遠山郷。その時季を過ごすと蜂の子は皆成虫になるから。

四八二　早や芋と五位鷺。

筑後狩猟家の諺。早や芋とは又の方言長崎薯、一般称は早芋なり。その初出来と鷺とを煮て食えば肉の味旨し、との意。昔は芋明月と称し太陰暦九月十五六日頃里芋を掘りて水煮のままを月前に供えし風ありき、今の猟期開始の頃なり。越前本庄地方にて五位鷺の蕃殖する森あり、七月上旬、その雛共巣より零れ落つるもの少なからず。（川口云ゴイサギは最多限七個、通常五個の卵を産む、然れどその中完全に育つは概ね三雛にしてその余は巣立する迄の間に零れ落つるが常なり一旦零れ落つれば親鳥は決してこれを顧みざるも亦常なり）大阪に送れば相当の値にて売れる由、ただし何の用に供するやは送る人達は知らざりし由、大阪にては西洋料理屋にて主としてフライとなして食卓に上すらしと、後にわかりたりと云。依って考うれば、五位鷺は元来その肉不味のものなれど、夏より秋にかけては比較的風味よしとして賞美するものか。

四八三　ダチクの穂が出たらカマスが来なくなる、マンビキも漁れなくなる。

甑島平良の諺。ダチクとは海岸に生ずる太き蘆の方言。

四八四　茅の穂の出る頃アラが盛に釣られる。

日向都井岬東北海岸に於ける諺。その頃アラは騒ぎよく鉤にかかるよりいう。

四八五　秋蕎麦の花盛りにカニが下り始める。

日向小林町附近の俚諺（有留喜義氏）。筑後三井郡三国村あたりにても云と云（花田英太郎氏）。筑前朝倉郡甘木町にても。

四八六　山椒の新しい実が目につく頃マグロがやって来る。

陸奥下北半島尻労附近。山椒の花時がまだ早く、結実したのが見られる頃はもう早や遅い。

四八七　カゲロウが出ると鯰が上る。

筑後八女郡福島町附近の諺。所謂、カゲロウは薄葉カゲロウ状の白きものにて九月中旬より下旬にかけて著しく孵化す。その孵化の時刻は夕方にて、浮遊する時間は毎夕方僅の時間内に限らる。この頃他の川魚が下るが常なるに、鯰のみは上るものとみえたり。

四八八　ジクシン実れば晩秋蚕の払立。

紀伊北部の諺（鈴木昇三氏）。ジクシンとは何か、小ビワ（或は小イチジク）の方言。

四八九　秋萩も色づきぬればきり〴〵す我ねぬことや夜はかなしき　　読人不知

四九〇　蜻蛉の水ハナ。

紀伊有田郡中部の俗信。トンボ水上にその尾端もて擦過的に産卵するを見て、程なく雨降らむとの見当をつける。

四九一　白鳥が海岸に集って騒ぎ立てるは暴風雨の兆。

陸奥小湊半島白鳥来遊地に於ける漁師間の諺。

四九二　秋に入って椋鳥が渡って来ると最早暴風が吹かぬ。

久留米地方の俗信。椋鳥はコムクドリを意味す。該地方には九月に入って後、群れて現わるるが常なり。

四九三　もずが来るなら大風は吹かぬ。

肥後八代地方の俗諺（林六郎氏）。野分以後始めて鵙の出現したる時にいうなり。

四九四　百舌鳥の高鳴七十五日。

信濃の諺。第一声以来七十五日即ち二ケ月半を経ばやがて霜降らむとの心なり。

四九五　鵙が啼き始めるとアラシが吹かぬ。

築上郡合河村附近の諺。野分の前後には鵙は鳴かぬ。この諺はあまり当然すぎる。

四九六　百舌鳥が出るとその年はもう風が吹かぬ。
肥前平戸島志々伎地方の諺（安部幸六氏）。
四九七　秋の彼岸過ぎて小鳥類、渡鳥、百舌鳥類を見れば、暴風雨の憂なし。
紀伊日高郡松原村附近、筑後八女郡矢部村、森彦太郎氏。
四九八　秋蕎麦の花が咲きそめると百舌鳥が出て来る。
筑前宗像郡西郷村附近の俗諺（安部幸六氏）。百舌鳥が鳴始めると最早あらしが吹かぬとは関聯して同地方にていう（同上氏）。川口云、豊前筑上郡合河村附近にても云。
四九九　野分後にイシタタキが見えたならその後は大きな南風が来ない。
肥前平戸島志々伎村の諺（安部幸六氏）。

五〇〇　野分後イシタタキが出ると最早大きな南風が来ぬ。鶺鴒を見ると早やその年は風が吹かぬ。

風は暴風を意味す。野分以後なることにも類推されるわけなり。

五〇一　イシタタキや百舌鳥が出て来たから最早暴風は吹かぬだろう。

筑前若杉山麓地方の諺。二百十日前後にこの事実よりこの推を下すなり。イシタタキはここにては専らキセキレイをいうなるべし。

五〇二　時化が来るとチンチロリンが鳴きやむ。チンチロリンが鳴き出すと風が凪ぐ。
紀伊下里町附近。チンチロリンは蟋蟀。

五〇三　チンチロリン鳴出せば風止まる。
紀伊東牟婁郡四村附近の諺（鈴木昇三氏）。野分頃の暴風雨中にても、蟋蟀鳴き出せば風やまるよりいう。

五〇四　路芝の葉の節の数はその秋の風の回数を示している。……風草か。力草か。
筑前若杉山附近の諺（合屋武城氏）。川口云、甑島手打村などではダチク（ヨシの一種の禾本科植物）のそれによって同様の推測する風あり。かく甑島列島と筑前糟谷郡とには連絡ありし為にあらざるべく、何かの本によれるか。

五〇五　十月の投げ松。
筑後田主丸町附近。投げ置きてもつくという意にて移植の好時季を指せり。

五〇六　松茸の多い年は米が不作。
紀伊の諺。他地方にても聞きたれど今記憶せず。

五〇七　雨栗、日柿。

紀伊の諺。共に開花期の雨晴に依ってその実の豊作を予測するなり。栗の開花期に晴天なれば不作なりや否や確かならざれど、柿の開花に雨降らば花壺腐るなり。

五〇八　椎の豊年、米が不作。

紀伊田辺附近の諺。（鈴木昇三氏）

五〇九　ハネ（榛）の実の多い年は米が良く出来る。

羽前最上郡東小国村堺田附近の諺。

杉の実の多い年は米が良く出来る。

五一〇　百舌鳥の初声に栗が笑み始める。

下野宇都宮附近の諺。九州地方と趣を異にす。

五一一　百舌鳥が鳴くと栗が笑む、富士が白くなると甘諸が甘くなる。

武蔵北多摩郡千歳村附近、明治四十一年頃。（徳富蘆花氏）

五一二　鹿が鳴くから栗を刈らねばならぬ。

上野利根川上流湯小舎附近。

五一三　イツキの食える時は稲の刈り時。
伯耆東竹田村穴鶴附近。イツキとは葉は甘茶のそれの如くにして稍々しわく、実はオランダイチゴの如く赤き円長きものと云。

五一四　コスモスの花が咲くと松茸が出初める。
丹波周山地方に於ける岡部真平氏の観測。備後にても当るという。

五一五　椎茸の榾はホソの樹を敲いて二葉三葉落ちる頃が旬。
（紀伊有田郡八幡村）紀伊東牟婁郡四村附近の諺に、秋の土用に入れば椎茸の代り旬、というがあり。（鈴木昇三氏）

五一六　ガンタケ。
しめじ茸の肥前方言。雁の渡来する頃発生する茸という意。

五一七　麦蒔鳥。
セキレイ。遠江常陸上総の方言。鶺鴒は炎暑中は概ね山間の涼しき渓間などに移り、秋冷の候、里に現わるるを常とす。関東地方にては麦蒔きの頃多く見え始む、殊に麦蒔きの為、鋤きかえして種下しにかかりし畝に現われて虫を採り食うセグロセキレイを見ること多し。下総方言ムギドリ亦セキレイを意味するも同じ事情よりなるべし。

五一八　麦蒔雁。
雁の渡来を期として麦を蒔くを風習としていたという。隠岐海士郡西海岸の諺。

五一九　稲の穂が出たら真鴨が渡って来る。
隠岐海士郡海士村附近の諺。有明湾附近にては稲の穂の出かける頃小鴨が来る。（実験）

五二〇　稲の穂のうれる頃は松蕈の出時だ。

麦の穂のうれる頃は松蕈の出時だ。

肥前東松浦郡入野附近の諺。後者はサマツダケと称して香の少きもの、麦秋頃に出るものにいう。

（波多野一君）

五二一　栗の葉が落ち始めないと野猿は出て来ない。
肥前筑前境、那珂川の上流、五ケ山附近の諺。栗の葉の散り始むる頃は、その実の自ずと裂け落る時季なり、猿はそれを狙って出現するなり、葉の疎らになり行くままに出現せる猿の体も自ずとあらわになり易く、里人の無頓着な眼にもかかることとなるなるべし。「栗の葉が落ちると野猿が出てくる」とも云。

五二二　薄の穂がほつれ出したら鹿盛に鳴く。
右は日向霧島山彙に於ける自然暦。

五二三　茅の穂がホッ！　ホッ！　と飛び散る頃には雄鹿がたらぶ。
宮崎県高原村狭野地方の諺。茅の穂の散り飛ぶは陰暦九月に入りてなり。

五二四　熊がミガキの実を食ったら必ず冬籠に入る。
岩代檜枝岐附近。ミガキは高き山地に生し秋の土用頃実の赤く熟する草。

五二五　海驢は章魚の群について来る。
陸奥下北半島尻矢附近。くわえると直ぐ頭を水面上に出して揮切って後呑む。

五二六　善知鳥の森のポプラが落葉し始めるとムクドリは漸次南に渡って終う。
青森市内。（和田干蔵氏）

五二七　ツワブキが咲きそむると渡鳥が見え始める。
紀伊の中部の諺。筑後地方での実験ではその頃は狩猟開始期に当る。なおツワブキと前後して開きそむるのは、木犀である。その高い香りは狩猟家の胸を躍らすのが常例となっている。

三二八　猟は鳥が教うる。

三二九　渡り鴨に戻り鵜。

三三〇　下闇や鳩根性のふくれ声。

（五元集）

三三一　アケビが熟すると鴨が渡って来る。

下野栗山村川俣附近。この附近では留って蕃殖するのがないらしい。

三三二　ツワブキの黄色な花が咲きそめると鴨が群れて渡って来る。

筑後地方。

三三三　合升《ゴウマス》が夕暮に山から三四間（五間未満）にみゆる頃カモの来盛り。

福岡県八女郡野添の諺（権藤氏談）。合升とは星の∴即ち⌂型にみゆるのにいう。

三三四　雁来紅。

莧科植物、学名葉雞頭、雁鴻の南に向って来る頃、鮮に葉の紅化し又は黄化するに因みて名づけられしか。日本内地の現今は、鴻雁の渡来は稍々後るるを常とす。

五三五　雁がさ（皮膚病）が痒ゆくなると雁が渡って来る。（雁が渡って来ると雁瘡が痒ゆくなる）

紀伊有田郡中部の諺。

五三六　駒ケ嶽に雪が降ったら雁が来る。

陸前仙北郡栗原郡の駒ケ嶽、約して栗駒ケ嶽ともいう。この附近農民間の諺。農民は又この山の雪の多少によって翌年の収穫をトする。斎藤真氏（郷土研究）

五三七　鴨は稲の刈入前に来て害をするがヤマシチメンチョウは取入れて後に来るから稲作に被害がない。

五島福江島南部中央崎山村附近の狩猟家間の経験。ヤマシチメンチョウの渡来地の確かなるは本邦内地に於て唯この地域のみなり、ここに来れるものも到着当時は非常に疲労し居れる由。

五三八　桑の葉が黄ばみかかるとヤマシギは桑畑に来る、ボリボリになる頃が最も多く来る。

（石橋徳次郎氏、土佐佐川町　斧氏談）

五三九　ソマ（蕎麦の方言）の実が黒くなるとキジバトが来る。

福岡県八女郡星野村諺（吹春氏）。これは暦とならず、唯事実なるのみ。

五四〇　ハダンキョウの葉が落ちる時ホトトギスが多く出て来る。

筑前若杉山麓地方の諺（合屋武城氏）。彼地嘗てはホトトギスの黒焼はミミダレに利くとの俗信より射取る人ありて、その射取りの時期をかく見当つけいたるものらし。川口云、ハダンキョウの葉を巻きて内に籠れる虫を杜鵑が抜きとりて食い、その巻葉を落す。これをホトトギスの落文という、人々はこの落葉を見て逆に推測したるものなるべし。

五四一　柿の豊年には渡り鳥が多い。
筑前地方の諺。これは必ずしも真相に触れていない。勿論、柿の豊熟したのには、ムクドリがつく。山際ではレンジャクが寄る。ヒヨドリや、カラスや、シロハラツグミ、クロツグミ、マミチャシナイなどが盛に寄って来る。一見、如何にも渡り鳥が多いようにみえる。併しそれは唯食物に集っただけであって、直にその年の渡鳥の多少を推断するわけにはいかないから。

五四二　雪が深い年にはウソが多く来る。
金沢地方の諺。ウソの渡来は二年三年隔てて現わるるを常とす。雪の深い年には人の目につく処に出現すること多き為ならむ。

五四三　アビの浮く処にカモメが来る。
鷗の浮く処に阿比が寄る。
三角半島西側漁師間の諺。

五四四　柿が色づいて猟天狗の胸は躍る。
肥前の自然暦の一。半月後に解禁となるとの意。

五四五　栗の生毬毛が食えるようになったら（鳥の子が）鳥は子別れする。
南飛驒俗信。之は事実か否か疑わしきも、俗信として南飛驒以外にも流布しあり。

五四六　南風が吹くとツグミが捕れる。
金沢地方猟師間の諺。シロハラツグミは毎年十月下旬、ツグミは十一月上旬より中旬迄、二週間位に渡来す。金沢地方にては、猟師達、南風を受けて後は必ず出場を待受くる俗あり。（池田鳥舗主人）

五四七　白海月の群が多く浮くは鰤豊漁の前兆。
丹後加佐郡与謝郡沿岸の俗信。十月中旬頃に当る。

五四八　取入れを控えて俄に寒がひどくなるとやがて鰤の大群がおし寄せて来る。
伯耆西伯郡漁村の諺。

五四九　鮎はおおかた終りになりて、やまめ、川鱒、くきの魚などとるる。
群馬県刀根川と吾妻川との落合い辺りの簗漁師などの諺。（伊香保日記十月三日の条）

五五〇　ツワの花盛りの頃ヒツオが盛に食う。
日向の都井村附近の諺。ヒツオとは鯛型の魚。その頃は盛漁期なりと云う。

五五一　ツワブキが咲きそめたら鯛が漁れる。
甑島上甑村里村附近の諺。

五五二　栗の実が笑みると川の魚が降る。
武蔵南多摩郡関戸附近の漁師間の諺。主に鮎についていえど、何れの魚も概ね下るを常とするをいう。

五五三　栗の葉の落ちる頃チチコの捕れ旬。
紀伊東牟婁郡四村地方の諺。チチコは「鮎カケ」の方言。（鈴木昇三氏）

五五四　早稲が撓んだら蟹が下り始める。
伊予肱川上流なる黒瀬川沿岸の諺。

五五五　菱の実る頃から江湖の釣が始まる。
筑後肥前の筑後川に沿える水郷の自然暦。江湖は方言エゴに宛てし文字、水溜り、水路の一部、広くなりて、流れの速からぬところ、釣らるる魚は鮒が中心なり。

五五六　寒い西風が荒れると一本物がとれる。
肥前五島立串地方の諺。一本物とは、フカ、バリン、シビなどを意味するらし。

五五七　河豚は橙の色づく頃より食い始め菜種の花が咲くころ食い終る。
下関地方の諺（拝郷助人氏）。産卵期に入りて人々には有毒の著しくなるよりいうなり。方言フク、清みて発音す。十月以後は安んじて食う。拝郷氏通信。河豚喰いに大切な橙酢が出来る時より食うということか。

五五八　秋の末に出水せばその冬は不漁。（河川）
千葉県海上郡附近の諺。

五五九　土用に出水が多いと冬になるとボラが不漁。
前項の同右地方の諺。秋の末の出水の場合と共に、利根川の出水が魚族を押し流す傾きあるを示すものなるべし。

五六〇　蝦夷菊に西風寒し秋刀魚来る　虻九郎
十月上旬の句に入っている。場所は分らぬ。今後注意すればわかるだろう。東京附近であろう。

五六一　雷が鳴るとハタハタが漁れる。

秋田地方の諺。俗に「ハタハタ雷」という。ハタハタ雷とは雨を伴わず、雷光のみ著しく見ゆる遠雷なり。頃は十月下旬より十一月上旬頃ぐらいまで、僅か二十日間許、この魚の漁期なり。漁師は雷鳴を聞きて直に出漁するを風とす。(佐藤堅之助氏)

五六二　鱸落し。

十月の雷をいう。出雲宍道湖畔の方言。この湖中の鱸はこの雷を厭いて海に遁げ入る故にいうという。

五六三　秋かます嫁に食わすな。

筑前海浜の諺。秋鯖と共に秋を美味の季節としている。

五六四　秋茄子を媳に食わすな。秋の梭魚媳に食わすな。

五六五　秋の鰍と娘の欠点とは見えぬ。

上総の諺。鰍は秋漁れぬ魚なるより云。

五六六　キリギリス夜寒に秋のなるまゝに弱るか声の遠ざかり行く

五六七　夜を寒み衣雁がねなくなべに萩の下葉もうつろひにけり　読人不知

五六八 タブの実が多く生《な》る年は風が荒れる。

薩摩甑島手打村の俗信。

五六九 北に向って西北から東北に雲がかかると時化る。

紀伊木の本町に於ける秋季の天気予報。

五七〇 秋に入って浜でイソツグミがたかると時化る。

日向都井岬附近の諺。たかるとは此方彼方と徘徊来往して騒ぐに云。イソツグミとは、イソヒヨドリの方言。

五七一 五位鷺が鳴いて通ると二三日の後に北風が吹く。

壱岐俗称キタドリ。

五七二 冬季群鳥が飛び渡ると雪がふる。

肥前三養基郡地方の俗信（大石亀次郎氏）。ミヤマガラスの群なり。

五七三 ナツガンの巣処でその年の洪水の有無を卜する。

薩摩川内川上流、宮ノ城附近の風。ナツガンとは黒鷲らし、未だ確ならず、彼岸より一ケ月後頃現わるる由。

五七四　秋の夕照鎌研げ、秋の朝焼け隣へも行くな。
安芸の諺。

五七五　秋西に苫負え、秋北に鎌研げ。
土佐の諺。

五七六　秋蕎麦の黒くなるまでに立って掻く。
陸奥三戸郡田子附近に於ける漆掻きの諺。以後は幹に梯して掻き、枝は雪に突込みおき、十一月以後家に籠って仕事に掻く。所謂、殺掻で木を一期にして掻き倒すのである。

五七七　櫪（くぬぎ）の葉が栗毛色になると小麦を蒔け。
筑後星野本星野附近の諺。現今では少し早目に蒔くと人々いう。

五七八　地主さんの紅葉赤なりや麦蒔時じゃ。
紀伊東牟婁郡四村渡瀬にある無格社に地主さんというがあり、境内古杉森立し中に一本の楓あり、その紅葉が附近の麦蒔暦となり居れるなり。（鈴木昇三氏）

五七九　銀杏の葉の黄ばむと小麦を蒔かにゃならぬ。
筑後八女郡横山村附近の諺。（次項紀伊及筑前各地なる同題参照）

五八〇　高山寺の銀杏があこなるさか麦蒔しょうか。
紀伊西牟婁郡万呂附近の諺。高山寺は稲成村なる真言宗の寺院。（鈴木昇三氏）

五八一　麦の蒔きしおは公孫樹の葉見て。
筑前宗像郡上西郷村内殿地方の諺（安部幸六氏）。前記紀伊安楽寺の公孫樹の黄葉する時云々と一致する点面白し。

五八二　銀杏の葉が黄ばむと麦蒔に油断が出来ぬ。
紀伊の俗諺。安楽寺の公孫樹。

五八三　麦蒔鳥。
筑後三瀦郡犬塚村附近の諺（田中実穂氏）。麦蒔鳥とはミヤマガラスの方言。この鳥の大群の出現し始むる頃が麦蒔時季なるより名づけしものなり。

五八四　馬鹿も総領、麦も早や蒔き。
筑前宗像郡の諺。愚でも長男に生まるれば、家を相続するを得べく、麦も早や蒔きはよし、との意らし。

五八五　稲の刈旬百日、植旬一日、麦は刈旬一日、蒔旬百日。
暖国にては概ねかくいう。

五八六　カラス星が浅間山の上の十間許に出ると麦の蒔き時。
右は紀伊木の本町に於ける自然暦。（加田利八氏の談、昭和十一年三月六日）

五八七　冬至の晩は大根畑が音がする。
紀伊有田郡中部の諺。生育の絶頂を越さんとする時期なるをいう。越して終えば「ス」が立って、繊維が剛張るという。

五八八　公孫樹や柳の葉が颯と落ちて終えば翌年は豊年。
陸奥三戸郡田っ子長坂附近。何時とはなしに漸次に散った翌年は凶年。

五八九　木の葉の落ちて裏かえり居ると翌年は風雨に遇って凶年なり。
美作香々美村地方の諺。（青木勘氏）

五九〇　天の川が頭の上に来りゃ新米が食える。
紀伊西牟婁郡万呂附近の諺。（鈴木昇三氏）

五九一　クヌギ林に褐牛を引入れて見分けのつきにくい程に色づいた頃、その木を伐って椎蕈の養成にかかる。
筑後八女郡八部村の諺。四五尺に切り水につけて、その表面をたたき、これを林中に拝み合せに斜に立てかけておくなり。

五九二　ヤチ取りと大根とりとは前後している。
越後三条本成寺村附近（外山暦郎氏）。ヤチは東北地方にて茅の称呼。

五九三　木の葉落ち。
紀伊田辺町附近の諺。同有田郡に於ける木の芽出しと同様、人の気の狂う季節なりとの意。

五九四　篠笹が枯れると鹿が町近くに出て来る。
紀伊南牟婁郡木の本町附近。

五九五　紅葉の初が鳴き始め、その盛りが鹿のさかり。
下野日光附近の俗信。（下村兼二氏採取）

五九六　山が五色になると鹿が鳴く。
山梨県北都留郡玉宮村附近の諺。三十余年前はその時季に雄と雄とが角で相撲つ、その騒ぎ丈けで

も音が聞えた云々。（昭和二年十月同村雨宮権右ェ門翁方にて）

五九七　鹿が鳴こうが紅葉が散ろがわたしゃおまえに厭は来ぬ。

明治中葉の俗謡。近畿地方にては、鹿の啼くは紅葉の最盛期より散り去る頃までの間なり。

五九八　男体山の八合目が紅くなる頃鹿が鳴く。

下野日光国営猟区関係の人々の実験。（下村兼二氏採取）

五九九　捕鯨は山が紅葉する頃に始まり蜜柑の花の香が沖合に漂う頃に終る。

紀伊串本附近の諺。晩秋に始まり初夏に終る意味である。近頃は見付け次第夏の最中でも射殺するようになった。狩猟法規も沖には利かぬと見える。

六〇〇　雞は籾を食うと卵を産まなくなる。

豊後南海部郡因尾村附近の俗信。年中何時も然りというに非ず、ただ秋の収穫以後産卵せぬように成り勝なるにいうなるべし。

六〇一　ヒーヨ、ヒヨ！　椎の実落せ、サイラ漁れたらほったろう！

紀伊熊野の大島附近。鵯の渡来して高き林に先ずつくや、児童これに向って呼びかける口ずさみ。恰も椎の実の熟する頃で、海ではサヨリの漁れ始める頃。オー！　鵯！　汝山の幸をわれに贈れ、われは海の幸を以てこれに対えん、との心。下里町附近では、「榧の実落せ」と云。

六〇二　干瓢が全く駄目になったから渡り鳥が見ゆるだろう。

下野宇都宮地方の諺。干瓢は同地方の名産。人々に注意せられ、その凋萎と渡鳥の初渡来と期節を同じうするにいう。

六〇三　ムタヅルは秋菊の痿えかける頃渡って来てブッソウグサの蕾の目につく頃去る。

薩摩出水郡荒崎附近の諺。ムタヅルとは鍋鶴の方言。牟田に立つ鶴の意。秋菊のなえそむるは旧十月頃、陽暦十一月初頃。ブッソウグサはレンゲソウ。その蕾のみゆるは彼岸頃迄なり。ナベヅルは真那鶴より先ず来り、先ず去るが常なり。

六〇四　蕎麦雉。

佐渡俗諺。佐渡のソバは皆秋蕎麦なり。蕎麦が熟する頃キジの肥ゆるにいう。

六〇五　マシコが渡って来ると最早猟も駄目だ。

越後新発田町近在の甲種狩猟者間の諺。彼地猟師はカシラダカ、アオジを主たる獲物となす。マシコは渡来晩く、この鳥渡る頃は前記各鳥類の渡りが既に過ぎ去り居るを以てなり。

六〇六　渡鳥の下がるはボラの来遊する前兆。

鹿児島県甑島青瀬附近の諺。下がるとは南下する意。

六〇七　ブリの回游が早く福来魚が薄魚で、小鰹の豊漁であるのが、鰤群の回游の多い前兆。
富山湾漁師の諺。大凡十一月上旬頃。

六〇八　鰤起しの荒れ。
能登地方の諺。十一月頃暴風ありし後には必ずブリの大漁あるよりいうなりとぞ。

六〇九　サイラ船は木の町の公孫樹の黄色になったのを見当にして入港して来る。
紀伊、木の本町附近。

六一〇　稲刈り時に「カニ」が「エゴ」を下る。
肥前諫早村半造川附近を耕しつつ老人の話。「エゴ」は入江又は河流溝渠などに充つる方言。蟹の実物は筑後などにていうものと同種のものなり。

六一一　富士の頂上に初雪が見ゆると富士川の魚は下り始むる。
伊豆西海岸地方。彼岸の水を通して簗の用意にかかる。

六一二　山が五色になると下り魚にモジリを掛けねばならぬ。

山梨県北都留郡玉宮村附近の諺。笛吹川の流に人々の試みる場合にいう。近頃は去る明治四十年大荒の後なお旧に復せず、モジリを掛けて受くる魚住めりや否や。

六二三　櫨の葉が落ち始めるとヤマガニが下る。

筑後浮羽郡あたりの諺（上村格次氏報）。山ガニとは稍々大型にて腕に毛などの生えしもの。それが櫨の葉の落ち始むる頃、渓々より下流に向う。人々ウケ（ガニウケという）を設けて競って取り食う。

六二四　山の神がかかったからもう入らぬ。

筑後柳河瀬高辺の四手網漁師間の諺。同地方にて十一月に入り初霜をみる頃、俗称ヤマノカミ（ドンコの一種）下り来る。それは他の川魚の下りの殿りをなすより、この魚が網にかかるや人々はもはや他の魚の漁獲の見込みなきを知っていうなり。

六二五　弥彦山に雲がかかったら翌日は雨、雲がとれたら晴。

越後長岡在の古諺。

六二六　秋東風は井戸を乾す。

筑前宗像郡の諺。晴天の続くをいう。

六一七　猿が下りて来て鳴くと明朝は雨が降るだろう。猿が鳴くから籾でも取入れておけ。
右は豊前香春嶽附近の農家の諺になっている。

六一八　玄猪の餅を食って蠅が戻る。
肥前三養基郡旭村附近の諺（大石亀次郎氏）。この季節よりハエはこの地方にて暫しその影をかくすよりいいならわしもの。

六一九　雪水が出れば豊年。
陸奥東通村附近。

六二〇　稲麹の多い年は酒の出来がよい。
筑後地方醸造業者間の諺。稲麹とは稲穂の或粒が籾殻を割きて黒く麹化して膨れてはみ出でみゆるをいう。この稲麹の多い年は米質が酒を造るに適するよりいうならむか。

六二一　熊がホンの木の実を食い始めるとやがて洞穴に這入って冬籠する。
羽後北秋田郡荒瀬村比立内附近狩猟師間の諺。ホンの木は朴の木の訛。朴は山毛欅林の間に、イタヤカエデと共に少数混じ育ちてみゆ。

六二二　サゴは親鹿が脚に脛巾を穿いた時期が最もよく利く。

東三河横山村附近の俗信（猪鹿狸、早川氏）。サゴとは鹿の胎仔。鹿の毛替りが蹄の際より始まり膝に及んだ頃、遠くよりみると、柿色の脛巾を穿いたようにみえる。その頃の胎仔が薬用に最も効ありとの俗信なり。

六二三　奥に積ったら雉が海岸に下り融けるにつれて山に登って行く。

鳥取県御来屋附近の諺。

六二四　カタシの花の咲く頃メジロは夥しく来る。

甑島中甑村平良の諺。カタシは山茶花、往々にして普通の椿にも冒らすことあり。

六二五　霜月の西風が吹いて寒さが厳しくなると鴨が群れて来る。

佐賀県佐賀郡南川副村犬井道附近の甲種狩猟者の間に行わるる諺。この群れるは各種混淆のそれにあらで、同一種のものが群れて来るという心なり。これは永年経験の総積ゆえ相当の確かさをもっている。

六二六　南風が荒れると鴨が寄って来る。

高知市潮江附近の諺。海が荒るれば陸に来るのが鴨の通性なり、北風の荒るる場合は他に避けるところあるか、浦戸の入江にては南風のあるる場合には潮江の潟地に避難するが常なり。

六二七　海苔がつき始めるとマナヅルが食い荒しに来る。

朝鮮全羅南道の実例。道令は海苔発生期間を限って、真那鶴の捕獲を許可している。

六二八　西風の強く吹いた翌日は鶉の猟獲が多い。

宮崎地方の俗信（大庭彦一中佐）。

六二九　大霜の降りている朝は鰡が群れて塊のようになっている。

筑後川口の端両開村附近の諺。その塊に一網せば打尽することが出来る。併しその塊の所在を見付け難い。故に大霜の朝にして清く晴れ而も風の全く凪ぎたる機会を狙い、その日の出でて水面の稍々ぬるむ時刻を見計らいて行かば、凪ぎの日故、水面平らかに、日の出後或る時刻を過ぎしことて水ぬるみ、イナの群れウヨウヨし始むるより、水面にそのゆれの渦巻くを敏く見取り得るにより、一網打尽の功を奏するを得る也。

六三〇　簑和田の鯉取。

常陸国簑和田の鯉、当国の名産也、もっぱらこの節を以採。（俳諧歳時記十二月の下旬の条）

六三一　初雪の降る夜にマスは庄川を下る。

飛騨白川村。

六三一　メバルがぼつぼつマグロはまだまだ。

土佐沖の漁業標語。年の十二月さし入前後の漁況にいう。漁業暦のようになっている。

六三二　西風が吹き北山に雪が見えそむるとマイオが一尾もいなくなる。

佐賀県大詫間附近に於ける鰻捕りの間に伝れる諺。彼の人々の間には、ウナギを三種に分ち、アオ、アカ、マイオ（又はクロ）とす。クロは他の二種に比して背の黒さ著しく且つ形大なり、陰暦十月、有明海沿岸附近にて盛にカギにて掻きとる。風味佳良にして市価他に比して高し。この鰻、天山、背振山、九千部山あたりに薄雪をみる時期に、いずこにか去って跡をとどめずと云。

六三四　雪起し。

北国にて雪の降らんとする時、雷鳴のあるをいう。

六三五　白雁が来ると雪が来る。

陸奥中津軽郡西目屋村田代附近。白雁とは大白鳥の方言。

六三六　ハラツグが去ったら雪が降る。

伯耆大山の諺。ハラツグは普通の鶫。初冬渡り来って停らず去るらし。

六三七　飯豊山に来た三度目の雪は里にも来る。
羽前西置賜郡南小国村附近。

六三八　冬季鳶が高く飛ぶと雪がふる。
肥前三養基郡地方の俗信。（大石亀次郎氏）

六三九　狐が笹小屋の屋根を辷るようになったら里に下りよ。
羽前月山九合目救助小屋での諺。参詣人が来なくなる頃、即ち小舎の守の居る必要のなくなる頃に合す。

六四〇　ミソッチョが出て来ると寒くなり大雪となる。
筑前若杉山麓地方の諺（合屋武城氏）。ミソッチョはミソサザエの方言。山中雪に埋もれば、食を求めて人里に出て来るは、彼の常性なり。

六四一　痘瘡のカサブタを狐が食うと千年生きる。食われた人は直ぐに死ぬ。
筑後三井郡大城村附近の俗諺。（平野四郎氏）

六四二　アヒルに山藷のトロロを食わすと死ぬ。

陸中盛町附近。

六四三　ヤミガニ。

紀伊肥前筑後土佐などにていう。恐らく全国共通なるか。月明の時季には蟹は瘠せて肉少く、闇夜の時季のは肥えて且つ美味なりという意。寒鮒などいうと同一流なり。

六四四　大瀬崎の沖に「タカマツが立つ」と鰤の大漁がある。

肥前五島の諺。彼の沖に鯱どもは十間位の間隔をおいて二三十列を作って所謂、鯱鉾立を反覆しながら同位置を守ってブリの来るを要撃する。土地の人々はこれをタカマツが立つという（菊池幽芳氏の五島風景観に依る）。菊池氏の記事には時季を明にし居らず、調査を要す。タカマツその詞自身は如何なる語原をもつか。「鷹待ち」より転じたるにもあらざるべくこれも考究を要す。

六四五　朝日さす夕日輝くその下に漆七箱。

或は漆七箱の代りに金千両漆千杯ともいう、日当よき地は収穫多しとの意か。
（註之は宝隠し伝説の一つの謎の言葉ならん）

六四六　猿の群が出て来たから天気が変るだろう。

下野日光馬返から中禅寺湖に行く途中、深沢あたりにて能く目撃する事実よりいう。日光町附近の

民間天気予報。（茅根民雄氏）

六四七　三毛猫の雄が荒れて嚙みつくと天候が荒れる。

岐阜県大垣市附近の諺（日比野三成氏談）。紀伊田辺町附近にてもいう（鈴木昇三氏）。川口云、三毛猫は概ね雌なり、雄ありや否や、これだけは疑問なり。昭和三年二月九大農学部大島広博士の許に三毛雄猫を送致せるあり。雌と限らぬ事判明す。

六四八　晩に鼬がキチョキチョ啼くと翌日は暴風雨。

越後三条南郷の俗信。

六四九　雞が早く塒につけば翌日は晴、晩くまで食を漁れば翌日は雨。

筑前若杉山附近の諺。（合屋武城氏）

六五〇　朝鳶に川渡りすな。

土佐の諺。

六五一　鮎の腸に石あるは降雨の兆。

六五二　蟻の行列雨の兆。

六三 犬草を噛むは晴の兆。

六四 ブトの餅搗き雨の兆。

紀伊の諺。

六五 木曾雷、百日のカンカン。

東美濃の諺。

六六 霞ケ浦の入道雲。

常陸の諺。この雲出ずれば二日中に雨降るという。

六七 川下が焼けると大水が出る。

信濃川口の現象をみていう。越後の諺。

六八 冬稲妻光りゃ土蔵の麦でも減る。

紀伊東牟婁郡四村附近の諺（鈴木昇三氏）。雞に夜間電燈を照したる処に住まわせば、一昼夜に二顆の卵を産む。多くの植物に夜中電燈を与えおけばその生長著し。稲妻すれば稲が実り出すというに右の関係なきか、と大園平吉氏いう。何となく小理窟じみたる中に面白味あり。

六五九　寒九に雨降れば翌年豊作。

六六〇　寒中に地震あれば翌春の豆に種無し。

六六一　鱒の厚い年は実りがよくない。

陸奥東通村附近。厚いとは多いの意。寒流につく魚、多く川に遡るは水の冷さを意味す。

六六二　ニワトコの芽出しを見てから桑に芽出肥をやれ。

栃木県南部の諺。ニワトコは逸早く一月末に出芽す。

六六三　八専に竹伐らず。

加賀松任地方。其他各地。竹材に虫の入り易き故と。

六六四　雪が積ると狐が山を下る。

羽前月山。

六六五　山の薯を食うと猪が太る。

一月に入ると猪はその嗅覚によって頻に山の薯を掘り食う。その頃肉の味最も旨しとの意。豊後三国峠附近の猟師間の諺。

六六六　寒の空にもカモメの声を聞くと春の近寄ったことを知る。
出雲簸川郡日御崎地方。実験の統計では一月中旬頃から二十日頃迄の間。寒中の荒れと陰気さとに対照されて、朗かな感じが旅人に沸いて来る。

六六七　ヒョウドリが鳴くと寒が来る。
（右と同地方）ヒョウドリはトラツグミの方言。鳴声ヒョウと響くよりいう。（川村附記）同地方にてヤドリギをヒョウと云うこと川口氏の記事中にあり。「ヒョウドリ」とはヤドリギの実を嗜むレンジャクを指すに非ざるか。木曾にてヤドリギをホヤといい、レンジャクをホヤドリというと同様に。

六六八　野ザレの鷹。
（倭訓集）藻塩草に、秋過ぎて冬とりたる鷹野晒の義なるべし、又春夜に久しくありたるを山ザレとも申すなり、すべて大鷹の事なりといえり。

六六九　ヤマドリは寒明けに脂が不足する、タヌキは寒中に脂で太る。
右は羽前北小国村越戸の自然暦。

六七〇　寒雀。

飛騨高山附近の諺。寒に入ってスズメの味美く且つ滋養に富めるをいう。

六七一　寒鮒。

寒中の鮒は無臭にして且つ味よしとなり。

六七二　寒ウツボ。

紀伊田辺附近の諺。美味なりという心。（鈴木昇三氏）昔は鉛山入湯客の土産に持ち帰りし物なるが、干物としても味さして美しとは思えず。川口云、黄色じみた地に黒点斑を夥しく存する鰻型のあまり見易からぬ醜魚。土佐の佐川町にて一月に荷売せるを見る。

六七三　寒鰤、寒鰡、寒鰈。

紀伊古座附近。何れもその時期に味よしとの意。

一、彼岸過ぎての鰤はまずい。

二、霜月の小鯎はまずくて食えない。

三、六月の鰆は画に描いたのでも食う。

四、師走の貧乏烏賊。形も小さく味もまずい。

五、六月土用のカマスは旨い。

六、飛魚は八十八夜に規則立って来る。

六七四　八目鰻取。

信州諏訪の海にとるるものを名産とす。上諏訪下諏訪一里ばかり冬日氷みちて厚さ二三尺に及ぶ。この時に至りて鱣を採るなり。先ず氷の上に小家を営むに火を焚て穴を穿ちその穴に柱を建てて漁者の休う所とす。又網或は縄を入るべき穴を穿つにもみな焼火を以てす、さて延縄を入れ共餌を以て釣ること其数夥し。（俳諧歳時記）

六七五　メノリイガミ。

紀伊田辺附近の諺。イガミは磯魚の一種、メノリは海藻の一種、イガミは夏季釣れる魚なれど、冬季メノリの伸びるころも亦釣れるものなり、民俗「メノリが伸びたさか、メノリイガミを釣りに行こう」という（鈴木昇三氏）。メノリは、三四寸迄伸びる。芽海苔か、雌海苔か、調査を要す。メノリの盛に伸びる頃イガミの味最も美しという意もあり。

六七六　枇杷の花咲く年の暮。

若狭小浜（枇杷の北限？）以南の俗諺。柊は花の開期に因み、椿も亦花期により、榎は葉擦れの時期に、楸は、（註、原文以下欠）

六七七　師走狐でコンコン。

紀伊有田郡中部の口合い、人の訪い来らぬをば、コヌ、訛りてコンという。師走に入りて山の狐共食に困りて里近く現われコンコンと鳴く、故に譬えていいしものなり。

俗信補遺

六七八　夜鴉の南より来るは祥瑞。
琉球。

六七九　夜鴉の鳴くは凶。
琉球。

六八〇　夜鴉の鳴声を真似ると火事が出来る。
下野。

六八一　夜雀を捕れば夜盲となる。
各地俗説。

六八二　夜雞の鳴く真似をすると火に祟る。

各地俗説。

六八三　三光鳥を飼えば飯までネマル。
対馬佐須奈の俗信。三光鳥は臭いからだという。

六八四　三光鳥の糞には毒あり、その落ちたる葉は枯るる。
鹿児島県指宿地方。

六八五　三光鳥の糞は有毒、小児の目に入ると恐るべき中毒を起す。
但し生擒後旬日を経て人の与えし摺餌を食う迄になりしものの糞には毒なしと伝えられて来たと。

(熊本県阿蘇郡馬見原町の立見仙蔵氏)

六八六　ウソが多く来ると疱瘡が流行する。

六八七　死人のある家附近にウソが寄る。
大正十四年四月二日、福岡県朝倉郡秋月町にて人々の談に右の如き俗信あり、と。大正十年秋月に死人が多かった、その時ウソが多かったと。

六八八　カワセミを食うと腹痛を起す。

（鹿児島県指宿附近の俗信）

六八九　カワセミの巣処の高低にてその年の雨量大雨の有無及大雨の程度を占う巣処の高ければ大雨あり低ければその憂なし。

（南日向都井村）

六九〇　喜鴉啼く時は遠方にある人帰る。

（西京雑記三、乾鵲噪而行人至）

六九一　女鳩を食えば口から子を生む。

六九二　能書と矮雞の時はあてにならぬ。

六九三　鳩が夕方鳴くは晴天の兆、朝鳴けば雨の兆。

（常陸）

六九四　天将晴則鵲噪天将両則鳩鳴（以下）。

（福建省）

六九五 鳩能呼雨、鵲能呼晴、梟鳴于屋上則人必死燕巣于欄上則家必興。

六九六 暗夜に鴉鳴けば人死す（又は不吉）。

六九七 雞の夜鳴くは火事（又は不吉）。

（紀伊有田にもあり）

六九八 鶺鴒を取れば親死ぬか家の周り海となる。

六九九 雉子夜鳴けば地震あり。

七〇〇 尾羽の十三斑の山鳥は人を誑す。

七〇一 燕を捕れば火災に罹る。

七〇二 三光鳥を取れば祟る。

七〇三 鴉の鳴声を擬れればゴキズレを生ず（口辺の腫物）。

七〇四 夜雀を取れば夜盲となるか又は旅して宿無く困る。

以上六九六―七〇四項（信濃博物学雑誌廿四、東筑摩郡部記事）

七〇五　暮鳩鳴即小雨。

（続博物誌）

七〇六　ミミヅク多く鳴けば人死ぬ。

（九州市房山麓地方）

七〇七　雲雀高く上れば晴天。

七〇八　鵈水を浴びれば降雨。

七〇九　鵈雀空に騒げば風雨来る。

七一〇　鳶朝に鳴けば降雨。

七一一　鳩その雌を呼べば晴天、追えば降雨。

七一二　水鳥木にとまれば降雨。

（以上七〇七―七一二地方名を脱す）

七三　鵲が高く巣くえばその年は暴風がない。低く巣くえば必ず荒れる兆。

これは筑後及び肥前に行わるる俗信である。他方では鳥についてもそういい、一般の鳥についても亦そういう処がある。これを解するに、風がないことを予知して吹き落される恐がないから高く巣をかけるのだというのだろう。風のあることを予知するから吹き飛ばされないように低く懸けるのだというのであろう。これは実験上あまり根拠のないことである。何となれば鳥共が巣を吹き飛ばされて困るのはその蕃殖期間である。その蕃殖期間は概ね三月末から五月末までである。而して暴風の起るのは……巣を吹き飛ばす位の暴風の起るのは所謂、二百十日頃の事である。即ち八月末から九月差入りであるので、簡単に言えば、鳥の蕃殖期と暴風の吹く時期とは喰違っている。鳥がその蕃殖を五月末に終って後は、風が吹こうが、雨が降ろうが、巣殻が為に吹き落されようが腐らされようが何等痛痒を感じないではないか。ただそれ蜂の巣に至っては右の如き理窟でコキおろすわけには行かぬだけの事である。

七四　鼬と蛙とはがっしょく（性が合わぬ意）で蛙が鼬を睨むと鼬に血がつく。

長崎県西彼杵郡江島村には昔沢山の鼬がいた。ところがおよそ四十年前、平島から田の苗について蛙の子（ハラビッチョン――オタマジャクシの事）が渡島し、それが次第に繁殖すると共に、鼬は漸次減少し、今は殆どその姿を見ぬ、想山著聞奇集巻三にも似たる咄あれど、此方は蟇と鼬で田で鳴いている蛙の事ではない。

七二五　熊の腸を切って煎じてのめば安産する。

（飛驒吉城郡大多和、昭和九年十月十四日）

七二六　熊の腸を岩田帯に包むと安産出来る。

（土佐幡多郡橋上村奥落）

七二七　ヤマドリは寒明けに脂が不足する、タヌキは寒中に脂で太る。

（羽前北小国村越戸、昭和九年十一月二十六日）

七二八　狐にいたずらされそうに心付きし時には必ず「怒鳴散らす」がよい。

いたずらの多くは砂をまくことなり。

「手を出すな」却っていたずらを重ねられる。

一匹やっつけると彼等は眷族一団となりて復讐的にいたずらをして始末におえない云々。

「狐のゴゼン迎え」

昔は彼地にては狐頗る多く連れて徘徊すること珍らしからず。暗夜狐の行列が行進するに方り、そのヨダレが光って、これを隔ててみれば今の所謂、提燈行列の如く綺麗に見えしが、人々はこれをば「狐のゴゼン（御前？）迎え」といいし由。（以上、木村春次氏談、佐賀県三養基郡麓村附近の

老人間に伝わりし説)

七二九　鹿の脚は魔を払う。
(肥後葦北郡地方)

七三〇　ムササビの胃(胆嚢をいう)は人の胃病の薬として妙薬なり。
(伊予久万町の相原芳太氏談)

七三一　モマ(ムササビの方言)は煙を食いに来る。
(肥後吉井町にて長船矢熊氏談)

七三二　イタチの路切り。
各地民俗古来「イタチの路切り」を嫌う。我には特に問題ならねど、肥後玉名郡太浜町にて大正十四年十二月六日路切りのイタチを見て実験の為に咽を狙って打ってみる。頭を泥塚(泥と藁と堆積せし)につき込み、尾をピリピリさせる。生あらば放屁さるる虞あるにより、遠慮して棒にてさぐり出してみる。逃げ込んだのではない、打込んだのであった。咽は尽く破れて頭が皮でつながっているる別に異状なく毛皮が褐色に赤みが多いので軟かな色彩にみえる、口の辺の白いのも目をひく。

歌謡補遺

雉

雉子のめんどりゃ躑躅がもとで
つまよ恋いしとほろろうつ
（大分県玖珠郡）雌がほろろうつという点注意を要す。

焼野のきぎす親はなけれど子は育つ
なけれど親は、親はなけれど子は育つ
（熊本県益城籾摺歌）

雉子も鳴かずばうたれはしまい
わしがととさん口ゆえに、今は萩原の土堤柱
（熊本県下益城郡新地歌）

雉の雌鳥、小松の下で、親を待つやらほろろうつ
（山口県阿武郡苗取歌）

向うの小山で雉子が鳴く、雉子はそらなく、つまをよぶ
（千葉県印幡郡田植歌）

ねんねんころころ、ころころよう、おろり小山の雉子の子は、
泣くとお鷹に捕られます、だまってねんねんねんねんよ
（東京子守歌）

鵜

小石小川のうの鳥を見やれ、小鮎くわえて瀬をのぼる
（山口県都浜田植歌）

鴛鴦

ひよひよと鳴くがおしどり、小池に住むがおしどり
（福岡県田川郡）川口云、ひよひよは羽の音なり。

ひよひよと鳴くがおしどり、小池に住むがおしどり、おしどりの思い羽をなら一羽ほしや、たのみに一羽根が千両するとも、羽をば頼みにはいやはいや

（山口県阿武の小歌）

鶯

鶯のうむてふ腹は借物よ、父にぞ声も似る時鳥。

（吾吟我集）

ウグイス

ヒーフー、ミッツのうぐいすは
梅の小枝に、巣をかけて
　巣をかけて、巣をかけて
十二の卵を産み揃え

産んで揃えて立つ時は
ヒトツァひよどり、フタツァふーくろ
ミッツみそっちよ、ヨッツよがらす
イツツいしたたき、ムウツむくどり
ナナツなぎさのはまちどり、ヤアツやまどり
ココノツかうせみ、トウヲとーばと
かっちょう、からからもうずの子
もうずは鷹のおうろし子
これでいっこんああがった。

毬つき歌で筑後田主丸附近及び筑前遠賀郡附近で行われる。文部省出来の俚謡集の東京の部に同一源流らしいのがみえる。鶯の卵は最多限が六個だ。十二個というのが歌だ。併し鶯の卵から各種の鳥が出るところ、彼の受托育性に考えて面白い。

受取りかしこまった、木に鳥ゃとまった！
何の木にとまった、梅の木にとまった！
何鳥やとまった、ウグイスがとまった！

何というて鳴いた、ホーホーホケキョいうて鳴きおった。

佐渡にて箸など標識にとりて酒興などに云ったもので、この問答的懸合なだらかならざればその者杯を飲ましめらるる仕組なりという。

鴉

鴉、鴉、何処へ行く、大津の湯に行く、何々持って行く、
大鯛小鯛、鮑やびんび
（高知市）

鴉、鴉、鉄漿つけて何処へ行きゃ、神社へ詣り、神社の前の鳥居の下で、
いっちいといくが、油餡銜えて、此方へひょろり、彼方へひょろり、
藪の中へごそごそ
（高知県幡多郡）

惚れちゃつまらぬ他国の人に、末は烏の泣別れ
（薩摩姶良郡）

烏、烏、汝《ぬし》の山焼けるぞ、早う往って水かけれ、かけれ
烏、烏、かんがらす、おばの家焼けるぞ
（新潟県北蒲原郡）

早く往って水かけろ〳〵　（同、中魚沼郡）

烏、烏、勘左衛門、勘左衛門の屋敷さ、火がくっついたから、
早くいってけーせろ　（茨城県行方）

烏、烏、勘左衛門、おまえの家に火がついた、
杓買うて水かけろ　（美作津山市附近）

かーかー、かの山焼ける、はよいんで水かけよ、
しゃくがなけりゃかしてやる　（滋賀県坂田郡）

八幡の森の鴉はなぜに、騒ぎさ渡る
夜歩きの、与市殿に驚かされて、さわぎさ渡る　（籾摺歌、埼玉県入間郡）

お母ァ去んじゃか、又明日お出でャ、お母ァー去んじゃか……
（鴉の巣にかえる夕暮時に唱うもの、京都市）

田螺殿、田螺殿、お彼岸まいりさっせぬか
お岸彼まいり為うと思ったら、烏という黒鳥が目を突き、足つつき、

それでよう参らなんだよ　(彼岸時分子供の歌、名古屋市)

いわふね地蔵は頭が丸い、鴉とまれば投島田

辻の地蔵に鴉のとまる、後姿や投げ島田　(盆踊上総)

(俳句の出ない更にくだけた連中の間に歌われた語)

今朝鳴いた鳥の声、よい鳥の声のう、

きょうの田を千石というてないた鳥の声　(山口県熊毛郡田植歌)

ホトトギス

来ぬ夜あまたの山ほととぎす

降るは村雨わがなみだ　(京都府愛宕郡)

後やどよむ初ささやく時鳥　重定（毛吹草）

次摺沢少佐韻

夜色沈々杜宇啼　浮雲弦月影高低

不如帰去声何処　数万征人夢裡聴

（明治二十八年六月十九日与……少佐書中所録）

蜀鳥《ほととぎす》、げに極楽の鳥ならば、親の行方を語り聞かせよ、

イヨサ、南無阿弥陀仏

（熊本県八代郡）

鷺

客と白鷺ゃ立つのが見事、飲んで立つのが、猶見事

（山口県厚狭郡）

白鷺の磯辺の松に巣をかけて

　波は打つとも灘に育たず

（木樵節、伊豆大島）

白鷺や舟のへさきに巣をかけて

　波にゆられてしゃんと立つ

（栃木県上都賀郡盆踊歌）

白鷺は〳〵、小首かたげて二の足ふんで

　やつれ姿の水鏡〳〵。

（手毬歌、宇治山田）

雁

がーん雁弥三郎、帯に為って見せろ
襷《たすき》になって見せろ。

（茨城県鹿島郡）

雲雀

いんだらぞうすい、いんだらぞうすい、箸いらん

（鳴声翻訳、兵庫大上宇一氏談）

鳶

鳶《とんび》とろろ、めぐって見せろ

（栃木県河田郡）

鳶とろろ、おらんえ(家)を三年めぐれ、小豆を煮て呉れるぞ

（山梨県東山梨郡？）

とんびまえ〳〵、烏笛吹け、蝗飛んでて、魚の頭になりゃれ〳〵

（新潟県中魚沼郡）

鳶とろろ猫の飯こぼして父にしかられて泣き〳〵拾た　(同右)

とんびまい〳〵せ、紺屋の屋根で鼠とってぼりやぎよ　(兵庫県大上宇一氏談)

尾道鳶に鞆鳥、三原雀に目を抜かれ　(備後)

燕

汝の子は米飯にトトそえて喰うけれど
　我等の子は土喰い虫喰い口渋ぶい　(兵庫県、大上宇一氏談)

鳥になりたい燕鳥に、思う家形に巣をかける　(同右)

ほんに土方は燕鳥よ、知らぬ他国で土をもつ　(同右)

田螺・鳶・鴉・梟

田螺どの〳〵、あすは春田に遊びましょう、いやで候、昨年の春もそう云うてだまされた、鳶と烏と梟奴と、あっちゃ、かいころばっからかいて（蹴転ばすこと）かいこづく、こっちゃ、かいころばっからかいて、かいこづく、その疵が雨さよふればうずきます……

（福岡県三井郡）

鷗・鳥・群雀

沖に鷗の立つときは、敵は船と判ぜられ、月夜烏はいつもなく、暗夜烏の鳴く時は、敵は山と心得て、深く用心いたされよ、群雀のさわぐ時は心を静に持つべきぞ

（都入歌、雨乞落成祝膳舎之踊台　熊本県葦北郡）

沖の鷗も舞子の浜よ、波の鼓に松の琴

（神戸市）

沖の鷗が友達ならば文をやろもの我夫に

（宮崎県宮崎郡）

おらったりの鳥と、隣りの鳥、かしこい鳥、田の辺めぐって、田螺貝拾て、つく砕して見たれど、赤い絹が十二、白い絹が十二

（新潟県中蒲原）

岩殿山でなく鳥は、声もよし、音もよし、岩のひびきて

（麦打歌、埼玉入間郡）

一つ鵯、二つ梟、三つみそっちょ、四つ夜烏、五ついしたたき、
六つ椋鳥、七つなんばの浜千鳥

(東京市)

高山やまへかかる時、猪猿狼覚悟なり、先には白犬後に黒、
火縄の火でも消えぬ様に思うて呉れるは妻ばかり

(猟師唄、丹後)

鳥名五

学びつるふみの中にも四十雀
　まよはすときくをしへありけり

(白川与布禰)

鳥名十

かりの時山からつどひいづるみは
　とぎしやさきのあやふからずや

(笹暦)

鷹

ケンケンバサバサ何事ない、親もないが子もないが、独り貰った男の子、鷹に捕られて今日七日、七日七夜さ墓参り、墓へ詣りて草摘めば、草を摘むやら涙やら、涙やら。

（飛驒、手毬つき歌）

うそ

こころづくしの神さんが、うそをまことに替えさんす、ほんにうそがえおおうれし。

これは近頃文政二年大阪の天満宮にて太宰府にならいてこの神事をはじめて執行せし時、大阪にてはやりの唄。

鹿舞の歌

廻われ廻われ水車、おおそく廻りて関にとまるな〳〵

中立が腰にさしたるすだれ柳、枝折り揃えて休み中立〳〵
じゅうさんから是までつれたる牝ししをば、こなたの御庭に匿し置かれた〳〵。
なんぼ尋ねても居らばこそ、ひともとすすきの蔭に居るもの〳〵。
風が霞を吹払うて今こそ牝じしに逢うぞうれしや〳〵。
……………………………………………略……………………………………………。
（いざいざおいとま、もうしけり）

伊予の宇和島藩では、古くから鹿舞という一種の舞踊が行われている。その着想は本物の鹿の右舞踊から発源したものであろう。但し親子の踊りより牝牡の関係に詠んでいる。八ツ鹿、五ツ鹿。何れの場合も一頭だけは牝である。

（河野富太氏）

索引

（和数字は文頭の番号を示し、洋数字は頁数を示す）

動物

あ

アオアシシギ…五二、二七〇
アオジ…六〇五
アオバズク…一六六―一六八、二九九、三〇八
アオバト…一一、一三九、三三八、三六三、四二三、四二四
アカシャウビン…三五五、三五六
アカデ(オイカワ)…一〇六
アカバエ(オイカワ)…一〇六
アカバチ…四八一
アサマキドリ(アオバズク)…一六六―一六八、二九九
アジ…二八七、三一五、三一八
アシカ…五二五
アナガラ(カサゴ)…二八九
アビ…五三、六五、三六四、三七四、五四三
アヒル…六四二
アマガエル…四三五
アマゴ…九六
アマツバメ…四二八
アメドリ(アビ)…五三
アメノウオ…九七、二九五
アヤトリムシ…一一四
アユ…五四、六六、六七、七二、九八、九九、四八〇、五四九、五五二、六五一、140
アラ…四八四
アリ…三八一、四三三、六五二
アワビ…一八五、四〇五、143

い

イイダコ…二二三
イカ…七九、三一九、三七六、四〇三、四五五、六七三
イカルチドリ…五四
イガミ…六七五
イサギ…三〇四、三〇五
イシダイ…三〇三
イシタタキ…四九九、五〇〇、142
イシタタキ(キセキレイ)…五〇一
イソノノミ(ヨコノミ)…四三一
イズスミ…三七〇
イソツグミ(イソヒヨドリ)…五七〇
イソヒヨドリ…五七〇
イダ(ウグイ)一三、八一、九一
イダコ(イイダコ)…二二三
イタチ…四一、六四八、七一四、七二二
イツサキ…二九六
イッチョウ…一八八
イナ…六二九
イナゴ…四〇一、四〇二、147
イヌ…150
イノシシ…三三三―三三五、二二八、二九七、三五四、六六五、150
イモオヤシ(アオバズク)…一六六
イモオヤシ(ヤマイボ)…二四六
イワシ…七四、一一三、三一五、三一六、三七四、四〇四、四四〇、四四五
イワツバメ…四二六
イワナ…七三、二九〇

う

ウ…五七、六三、二七六、二八二、140
ウグイ…一三、八〇、八一、九一、九二、九三、二八六、二九五、三七三
ウグイス…一六、四三―四五、二四五、

141、142
ウサギ…四〇、二三九
ウスバカゲロウ…四六七
ウズラ…二二五、三九八、四七五、六二
八
ウソ…一七五―一七七、五四二、六八六
六八七
ウタヨミドリ(ウグイス)…一六
ウツボ…六七三
ウナギ…九〇、一〇二、三〇六、三六七
―三六九、四〇六、四五八、六三三、
六七四
ウマ…三四〇
ウミスズメ…六三、一七四
ウミツバメ…四六一
ウミネコ…四九、一七八、三七四、四六
二

え

エノハ…一四、七三
エノハ(ヤマメ)…九六
エツ…一〇八
エビ…七九
エブタ…一〇七

お

オイカワ…一〇六
オオカミ…150
オオグレ…三六六
オオハクチョウ…六三五
オオヨシキリ…二七三
オオルリ…二三八
オシドリ…140、141
オタマジャクシ…七一四
オットンドリ(ツツドリ)…二五六
オドリコトンボ…四一八
オナガ…四三六
オホハム…三六四
オロロ…三六二

か

カ…一五六
カイグレ…二二八
カイコ…一八八
カエル…四二、七一四
カエルノコ…七一四
カゲロウ…三八三、四八七
カサゴ…二八九
カササギ…一八〇、三八四、四〇〇、六
九四、六九五、七一三
カジカ…三七九、三八〇
カシラダカ…六〇五
カチガラス(ミヤマガラス)…三一三
カツオ…一〇五、三一〇、三六五、三七
七、四〇六、四〇七、四四〇、四四五
カツオドリ(ミミズク)…四〇七
カッコウ…一五八、一五九、二四一―二
四四、二四七―二五四、二五六、二五
八―二六三、二六七、二九八、三二三
三二五、三五七、三七六、三八五、四
七二、四七四
カッパ(シギ、チドリ)…二七〇
ガッポウ(カッコウ)…二四一、二六〇
カッポードリ(カッコウ)…三三三
カナカナセミ…三三九
カニ…四〇九、四八五、五五四、六一〇
六四三
カネタタキ(ミズトリ)…二八三
カブ…九三
カマス…三七五、四八三、五六三、六七
三
カマツカ…二九三

カミナリ…四一
カモ…一二、三七四、五三二、五三三、五三七、六二五、六二六
カモメ…四九、一七九、四六二、五四三、六六六、149
カラス…五五、二〇一、五四一、五四五、六七八—六八〇、六九〇、六九六、七〇三、七〇八、七〇九、143、144、145、148、149
カレイ…四四四、六七三
カワセミ…六八八、六八九、142
カワマス…五四九
カワラヒワ…一二五
ガン…四六、五一六、五一八、五三五、五三六、147

き

キアシシギ…五二、一六四、一六五、二七〇
キギ…三一二
キギス(キジ)…六九九、139、140
キジ…一〇、四六、一七二、一八一、一八二、二一九、二六八、二七四、三九九、四七九、六〇四、六二三、六九九、139、140
キシキシドンコ(ヨシノボリ)…三七二
キジバト…五三九
キス…六七三
キセキレイ…五〇一
キツツキ…四三九
キツネ…三二、一四四、一四五、四七八、六三九、六六四、六七七、七一八
キビナゴ…六三
ギョウギョウシ(ヨシキリ)…三九六
キョウヨミドリ(ウグイス)…一六
キリギリス…五六六
キリスズメ(カワラヒワ)…一二五
キンイコウシ(ウグイス)…一六
キンイチョウ(ウグイス)…一六
キンギョ…八四

く

クイナ…三七六
クキ…五四九
クジラ…一五四
クズウオ…八六
クダマキ(クツワムシ)…四六〇
クツワムシ…四六〇
クマ…一四六、二三六、二三七、三九五、四七一、五二四、六二二、七
クマタカ…二八四
クレ(クロウオ)…一一〇
グレ…八九、二八八、三七〇
クロウオ(クロダイ)…一〇九、一一〇
クロサギ…五七三
クロダイ…五九、八九、一〇九、三七〇
クロツグミ…五四一
クロハゲ(ハゲ)…四一一
クンマチ(ヘビ)…一七三

け

ケトケト(ヨタカ)…三二五
ケムシ…一五九

こ

コイ…七七、一一五、六三〇
ゴイサギ…四八二、五七一
コウゲガラス…一八〇
コオロギ…四七六、五〇二、五〇三
コガツオ…六〇七
コガモ…五一九
コグレ(グレ)…八九

コーゾー…二八五
コッカル(アカシャウビン)…三五五
ゴトトン(カエル)…四二
コーナゴ…三七四
コノシロ…一〇八
コマドリ(アカシャウビン)…三五六
コムクドリ…四九二
ゴメ…三七四

さ

サイラ(サヨリ)…六〇一
サイラ(サンマ)…六〇九
サギ…四八二、146
サクライダ…二八六
サクラウオ(クズウオ)…八六
サクラダイ…三三二
ササバチ…二七七
サシバ…一七三、二七一
サナボリ…三一七
サバ…五六三
サヨリ…三七五、六〇一
サル…一九七、四二九、五二一、六一七、六四六、150
サワラ…八二
サンコウチョウ…六八三—六八五、七〇二

し

シオカラトンボ…四一一
シカ…七、八、三七、三八、一四七、一四九—一五三、二三〇、二三一、二三三、二三四、三五一—三五三、四七〇五二二、五二三、五九四—五九八、六二二、七一九、152
シギ…五二、一六〇、二七〇、二七一、二八一
シシ(鹿)…152
ジジジ…二六〇
シビ(マグロ)…三四二、五五六
シマヘビ…四三八
シャウコ(カサゴ)…二八九
シャク(シャコシギ)…一六二
シャクナギ(ホウロクシギ)…四七三
シャクヌキ(シャコシギ)…一六二
シャクフミ(シャコシギ)…一六二
シャコ…一六二、三〇〇
シャチ…六四四
シャッパ(シャコ)…一六二、三〇〇
シラウオ…五二、一一一、一六四、一六五
シラエビ…七二
シラサギ…三三七、146
シロガン(オオハクチョウ)…六三五
シロクラゲ…五四七
シロハラツグミ…五四一、五四六

す

スズキ…四四四、五六二
スズメ…二四〇、三二四、六七〇、六八一、七〇四、七〇九、147、148、149、150
スビ(シビ)…三四二

せ

セキレイ…九三
セグロセキレイ…五一七
セミ…一〇〇
セムシ…九三

そ

ソッコウドリ(カッコウ)…三七八
ソバオシキ(ムササビ)…三九

ソバマキトンブ…四五四
ソバマキトンボ…四五四

た

タイ…七〇、七九、三〇一、三〇三、三二一、三三二、四〇四、四〇六、五五一、143
ダイシャクナギ(ホウロクシギ)…四七三
タイタイドリ(ツツドリ)…三三二
ダオ(トキ)…二六九
タカ…六六八、140、142、151
タカ(サシバ)…一七三
タコ…四〇六、五二五
タコ(クロダイ)…五九
タナゴ…一〇三
タニシ…一八、三一、四七、二九二、144、148、149
タヌキ…四、五、三〇、三一、三五〇、三九四、六六九、七一七
タバメ…三〇三
タママメ…三〇三

ち

チーセミ…四一三
チドリ…二七〇、二七一
チャボ…一八七
チュウシギ…一六一、一六三
チンチロリン(コオロギ)…五〇二、五〇三

つ

ツクツクボウシ…四五〇―四五三
ツグミ…五二九、五四六、六三六
ヅグロカモメ…六三
ツツドリ…一六八、一七〇、二三六、二五二、二五三、二五五、二五六、二六二、二六五、二六七、三三二
ツバメ…一八九、一九〇、三六一、六九五、七〇一、148
ツル…五一

て

テンカラ…三六二

と

トキ…二六九
トット(ツツドリ)…二五二、二五三、二五六、二六二、二六七
トートー(ツツドリ)…二五五
トド(ツツドリ)…二六六
トドメドリ(ウグイス)…一六
トノサマガエル…一六七
トビウオ…三七一、六七三
トラツグミ…六六七
ドンコ(ヨシノボリ)…三七二、六一四
トントンドリ(ツツドリ)…二五六
トンビ…二七八、六三八、六五〇、七一〇、147、148
トンボ…四五四、四九〇

な

ナツガン…五七三
ナベヅル…五〇、六〇三
ナマズ…九〇、四五八、三二二、四八七
ナマスハタキ(ヨタカ)…三三五

に

ニシン…一一二―一一四、一七九、三一六、四四四
ニナ…三七六
ニワトリ…三二、一四五、一八三、一八六、一八七、二七九、二八〇、四〇一

四〇二、四七六、四七七、六〇〇、六
四九、六五八、六八二、六九七

ね

ネコ…三八二、148
ネズミ…四一、148

の

ノザル…五二一
ノジコ…一七一
ノシロガエル…二三一
ノドグロ…三〇七
ノミ…一五六、二一四

は

ハアリ…三八六
ハエ…六一八
ハクチョウ…四八、四九一
ハゲ…四一一
バショウイカ…三〇九
ハジロ…六三
ハゼ…五二、九四
ハタハタ…五六一
ハチ…七一三
ハツ(ブリ)…三〇二
ハト…五三〇、六九〇、六九三―六九五
七〇五、七一一
ハビ(マムシ)…二一七、四五九
ハマチドリ(カルチドリ)…五四、142
ハマネコ(ウミネコ)…一七八
ハモ…三一八
ハラッグ(ツグミ)…六三六
ハラビッチョン(オタマジャクシ)…七一
四
ハリオシギ…一六一
ハルシギ(チュウシギ)…一六三
ハルゼミ…一〇〇、二一五
バリン…五五六
ハンサコ…二九六

ひ

ヒキトリ…四七
ヒクイドリ…六九二
ヒタキ…二三八
ヒツオ…五五〇
ヒナ(ニナ)…三七八
ヒバリ…一六九、七〇七
ヒメマス…四一〇
ヒヨ…五二九、五三一、六〇一
ヒョウタンドリ…二五七
ヒョウドリ(トラッグミ)…六六七
ヒョウドリ(レンジャク)…六六七
ヒヨドリ…五六、三四七、五二九、五三
一、五四一、六〇一、142、150
ヒラクチ(マムシ)…二一七
ヒラベ…九六
ヒラメ…七一
ヒラメ(ヤマメ)…九五、九六

ふ

フカ…七九、二九一、五五六
フク(フグ)…五五七
フグ…五五七
フクロウ…三七七、六九五、142、148、
149
フサ…三〇三
ブト…六五四
フナ…四五六、五五五、六七一
ブリ…六〇、六四、六五、八五、二九四
三〇二、四〇六、五四七、五四八、六
〇七、六〇八、六四四、六七三

へ

ヘビ…一八三、四〇九、四三五、四三八

ほ

ホウロクシギ…四七三
ホウホウドリ(ツツドリ)…二三六
ホタル…四二七
ホトトギス…二六四、二六五、二六七、三三二、三三九、三五八、三五九、三八八、五四〇、141、145、146
ホトトギス(カッコウ)…四七二
ホヤドリ(レンジャク)…六六七
ボラ…六一、六二、五五九、六〇六、六七三
ポンポンドリ(ツツドリ)…一六八、一七〇

ま

マイオ(ウナギ)…六三三
マイワシ…四四三
マオ(アオバト)…四二三
マガモ…五一九
マグロ…八八、三四二、四四一、四八六、六三二
マシコ…六〇五
マス…六六、七八、九六、一〇四、三六四、六三一、六六一
マスガモ…三六四
マナヅル…六〇三、六二七
マニシン…四四三
マミチャシナイ…五四一
マムシ…二一七、四五九
マメマキドリ(カッコウ)…二五〇、二五九
マンビキ…四〇八、四八三

み

ミケネコ…六四七
ミズコイドリ…四三九
ミズトリ(水鳥)…六三、七一二
ミズトリ(水雞)…二八三、三九一
ミソサザエ…六四〇
ミソッチョ(ミソサザエ)…六四〇、142、150
ミミヅク…四〇七、七〇六
ミヤマガラス…三一三、五七二、五八三
ミンミン…四四九
ミンミンセミ…二三九、四四九

む

ムカデ…二一九
ムギイカ(バショウイカ)…三〇九
ムギウマセドリ(アオバズク)…三〇八
ムギカラシ(ヨシキリ)…二七三
ムギツキ…二九九、三六〇
ムギツク…二九九
ムギドリ(セキレイ)…五一七
ムギマキ…二五〇
ムギマキドリ(セキレイ)…五一七
ムギマキドリ(ミヤマガラス)…五八三
ムクドリ…五二六、142、150
ムクドリ(コムクドリ)…四九二、五四一
ムササビ…三九、二三二、二三五、七二〇、七二一
ムタズル(ナベヅル)…六〇三
ムツゴロウ…五二、九四、一六〇

め

メウキチ(ボラ)…六二
メジロ…三四七、六二四
メチカ…三〇七

メノリイガミ…ミ六七五
メバル…六三一
メンドリ(ヤマドリ)…五六

も

モズ…四九三—四九八、五〇一、142
モズドリ…四九四、四九六—四九八、五〇一、五一〇、五一一
モドリシギ(チュウシギ)…一六一、一六三
モマ(ムササビ)…二三二、七二一
モモドリ…一七七

や

ヤツメウナギ…六七四
ヤマイボ…二四六、二九九
ヤマガニ…六一三
ヤマシギ…五三八
ヤマシチメンチョウ…五三七
ヤマドリ…九、五八、一八四、二一九、二六八、三九九、六六九、七〇〇、七一七、142
ヤマネコ…三六
ヤマノカミ(ドンコ)…六一四
ヤマバト(アオバト)…一一
ヤマブシバエ(オイカワ)…一〇六
ヤマベ…二九〇、三七九
ヤマホトトギス…一三一
ヤマメ…九五、九六、五四九

よ

ヨガラス…142、150
ヨコノミ…四三七
ヨシキリ…二七三、三九六
ヨシゴイ…三九七
ヨシノボリ…三七二
ヨタカ…三二五

ら

ライチョウ…三四八

れ

レンジャク…五四一、六六七

わ

ワクド…一五五

植物

あ

アオイ…四一五
アオサ…五三、一一〇
アオナ(ナタネ)…一七六
アカガシ…三六三
アキギク…六〇三
アキソバ…四六八、四七九、四八一、四九八、五七六、六〇四
アキハギ…四八九
アケビ…五三一
アサ…二八、九八、一二四、一六八、四四八
アザミ…三七、一五二
アシ…一〇七、一〇八、四八三
アジサイ…四一〇
アズマギク…一〇三
アセビ…三三—三五
アセボ(アセビ)…三四
アセンボ(アセビ)…三四
アツモリソウ…二四七

アマチャ…五一三
アヤメ…三四九
アユコバナ(イワヤナギ)…九九
アワ…一〇〇、一三〇、一三二、二〇六二〇七、二五二、二五三、二五六、二五七、二六二、三二九、四七四、四七五、五一二

い

イエニレ…一
イセボ(アセビ)…三四
イタヤカエデ…六二一
イチゴ…二一一、二三五、二三七、二四二
イチョウ…五七九—五八二、五八八、六〇九
イチリンソウ…一
イツキ…五一三
イヌクサ…六五三
イヌビワ…四一二
イネ…三九一、四五六、四六五、五一三五一九、五二〇、五三七、五八五、六五八
イノコズチ…一二三
イワナシ…三五七
イワヤナギ…九九

う

ウサギアオイ…一
ウツギ…二〇八、二二〇
ウド…九五
ウノハナ…一〇四
ウメ…三、一三、一六、一七、二二、七〇、三四七、三六九、三七五、141、142

え

エゾギク…五六〇
エノキ…三三四、六七六
エビネ…二一九

お

オサ(アオサ)…一一〇
オバコフウラン(エビネ)…二一九
オランダイチゴ…五一三

か

カイソウ…五三
カエデ…五七八
カキ…二〇二—二〇四、二〇九、二二七四五二、四七二、五〇七、五四一、五四四
カシ…一一
カタシ(サザンカ)…三四七、六二四
カタジロ(ハンゲショウ)…三四一
カタッパ…一四六
カッコウバナ(アツモリソウ)…二四七
カッパグサ(ドクダミ)…二七〇
ガッポウ(タケノコ)…二四一
カッポーバナ(コウレンゲッツジ)…二四八
カボチャ…四六三
ガマズミ…四六六
カヤ…四八四、五二三、五九二
カヤクサ…一九〇
カラシ…一四五
カラスヤ(イノコズチ)…一二三
ガラッパグサ(ドクダミ)…二七〇
カンギツ…三三〇
カンショ…六〇、六二、一二六、一二七二一一、二一七、二四六、二七四、五一一

ガンタケ(シメジダケ)…五一六
ガンライコウ(ハゲイトウ)…五三四

き

黄イチゴ…三三二、三五八
木イチゴ…三五八
キイチゴ…三五三
キノコ…五一六
キビ…二六〇、三三六
キョウチクトウ…三九二
キリ…二〇五、三一九
キリシマ…一三八
キリシマツツジ…一三八

く

クヌギ…二三二、五七七、五九一
クリ…三三五、三五九、四七一、五〇七、五一〇、五一一、五二一、五四五、五五二、五五三
クワ…一四〇、一九五、四〇〇、五三八、六六二
クヮンドウ(フキノトウ)…五

け

ケヤキ…一九五、二三〇

こ

コイチジク…四一二、四八八
コウカ(ネムノキ)…三八七
コウソンジュ(イチョウ)…五八一、五八八、六〇九
コウバイ…一七
コウレンゲツツジ…二四八
コーカ…三二九
コカンボ…三二七
コスモス…五一四
コビワ…四八八
コブシ…二四、二九、七四、七五、一一七、一一八、一四二
ゴボウ…二〇九
コムギ…二九七、五七七、五七九
コメ…三一四、四二一、四三〇、四四八、四五〇、四五一、五〇六、五〇八、五〇九
コメシバ(アセビ)…三五

さ

サクラ…七〇、七八、七九—八五、八七、一一六、一一八—一二一、一二四、一二七、一四一、一五四、一五七、一五九、一七〇、二九四、三六三
ザクロ…二一八
サザンカ…三四七、六二四
サツキ…三四四
サトイモ…一六六、二二〇、四八二
サマツダケ…五二〇
サワラ…四〇〇
サンシュユ…六九
サンショ…二一三、二九一—二九三、四八六

し

シイ…三四五、五〇八、六〇〇
シイタケ…五一五、五九一
シウンエイ(レンゲソウ)…一六三
シカナキクサ(ハギ)…四七〇
ジクシン…四一二、四八八
シダ…三九九
シノザサ…五九四
シビトバナ(マンジュシャゲ)…四六八
シメジダケ…五一六
ショウガ…三三三

ジョウチャツツジ(キリシマ)…一三八
ショウブ…四三四
シロガシ…三六三

す

スイカ…一六一
スギ…三、一九、二一、三八九、五〇九
ススキ…五二二、152
スズタケ…一三九
スズノコ…一三九
ススバナ(エビネ)…二一九
スダ(シダ)…三九九
スモモ…一七〇

せ

セツブンソウ…一
センダン…三五九

そ

ゾウミ(ガマズミ)…四六六
ソバ…四五四、四六八、四七八―四八一
五三九、六〇四
ソマ(ソバ)…五三九
ソラマメ…二一六、三四八

た

ダイコン…三九〇、五八七、五九二
ダイズ…七五、二〇二、二〇四、二〇六
二〇七、二一七、二五一、二五四、二
五九、二六一、三二七、三七三、三九
八
ダイダイ…五五七
タウエザクラ(コブシ)…一一八
タウチザクラ(コブシ)…一一七
タケ…三四六、三四九、四四七、六六三
タケノコ…二四一、三四三
ダチク(アシ)…四八三、五〇四
タチバナ…二六五
タナゴバナ(アズマギク)…一〇三
タニアジサイ…四一〇
タブ…五六八
タマネギ…三五〇、三九四、四三一
タラ…一四七―一五一
ダラ(タラ)…一五一

ち

チグサ…一三七
チシャ…一八〇、一八六、一八七
チバナ…一三七
チャ…一三八、二二二、二一五

つ

ツツジ…三〇七
ツバキ…三六、三八、三九、五六、三九
三、六二四、六七六
ツワ…五五〇
ツワブキ…五二七、五三一、五五一
ツンバナ…一三七

と

トウマメ…三四八
ドクウツギ…二〇八
ドクダミ…二七〇
トチ…一九八
トロロ…二四四

な

ナガサキイモ(ハヤイモ)…四八二
ナゴラン…三五四
ナシ…八九、九〇、一三一、一七一、一
七二、四七三
ナス…一二七、五六四

ナタネ…一〇六、一四四、一七六、一八三、一八五、五五七
ナツダイズ…二〇三、二〇四
ナノハナ…七七、一〇五、一四三、一八四
ナラ…一〇一、二八四

に

ニワトコ…六六二

ね

ネコヤナギ…一四
ネムノキ…三二七、三八七、四一七

の

ノウゼンカヅラ…四一六
ノウメ…一二
ノバラ…二八九
ノムギ…三一一
ノリ…一〇九、六二七

は

ハギ…四七〇、五六七
ハゲイトウ…五三四
ハコネウツギ…二〇八
ハコボレ(アセビ)…三五
ハジカミ…三三三
ハシバミ…一三三、五〇九
ハゼ…六一三
ハタケマメ(ダイズ)…七五
ハダンキョウ…一四一、五四〇
ハチク…二〇六、三三九
バッカイ(フキノトウ)…八
バッケバナ(フキノトウ)…六
ハツタケ…四六九
ハナクサイチゴ…三五二
ハナクサレイチゴ(キイチゴ)…三五三
ハネ(ハシバミ)…五〇九
ハマユウ…一九九、四一九
ハモリ(アセビ)…三三
ハヤイモ…四八三
ハンゲショウ(カタジロ)…三四一

ひ

ヒイラギ…六七六
ヒエ…一〇一、一二九、二〇八、二五五、三二四
ヒカリモ…一四三
ヒガンバナ(マンジュシャゲ)…四六七
ヒサカキ…三〇
ヒサギ…六七六
ヒシ…五五五
ビシャコ(ヒサカキ)…三〇
ヒノキ…一八
ヒョウ(ヤドリギ)…六六七
ビワ…六七六

ふ

フウズウバナ(レンゲソウ)…一六三
フキ…六六、二五一
フキノトウ…四―八
フジ…九一―九三、九六、九七、一二九―一三一、一三九
ブッソウグサ(レンゲソウ)…六〇三

へ

ヘイトコ…一三九

ほ

ホウノキ…六二一
ホービタケ…三四四
ポプラ…五二六

ホヤ(ヤドリギ)…六六七
ホンノキ(ホウノキ)…六二一

ま

マウツギ…二二〇
マダケ…二〇六、二二六、三一九、三六八、三七五
マツ…二三、五〇五、149
マツタケ…五〇六、五一四、五二〇
マメ…二〇五、二五〇、二五二、二五三、二五六、二六二、二六三、三一九、六六〇
マンサク…九、一三四
マンジュシャゲ…四六七、四六八

み

ミガキ…五二四
ミカン…五九九
ミズキ…三三四
ミズシ(ミズキ)…三三四
ミゾハギ…四一六
ミツバ…一二五

む

ムギ…二七、四九、五〇、一六二、二二一—二二五、二七二—二七四、二九六、二九八—三〇〇、三〇六—三一〇、三一二—三一四、三四五、三六〇、四四九、四八五、四九八、五一七、五一八、五二〇、五八一、五八四—五八六、六五八

め

メノリ…六七五

も

モクセイ…五二七
モモ…七六、七七、一七四、一七五、一七七

や

ヤエザクラ…八八
ヤチ(カヤ)…五九二
ヤドリギ…六六七
ヤナギ…五五、七三、一〇五、一三五、二三八、二九〇、五八八、152
ヤマイモ…二六一、六四二
ヤマキビ(タマネギ)…三九四
ヤマゲケヤキ…一九六、二三九、六二一
ヤマザクラ…二八、一二六、二〇一
ヤマツツジ(ミツバツツジ)…一二五
ヤマドリスダ…三九九
ヤマドリソウ(エビネ)…二一九
ヤマノイモ…二六四、六六五
ヤマブキ…二一二、二二一、三二〇
ヤマモクレン(コブシ)…二九
ヤマモモ…一三七
ヤマユリ…三九五

ゆ

ユリ…四一四

よ

ヨウバイ…三三一
ヨシ…五〇四

ら

ラクダイバナ(コブシ)…一四二

れ

レンゲ…一〇二、六〇三

わ

ワラビ…四〇、九四、九五、一八一

自然現象

あ

秋…一八九、三九七、四五三、四九二、五〇四、五五八、五六三、五六六、五七〇、五七四、五七五
秋北風…五七五
秋西風…五七五
麻蒔…一二四、一六八
雨乞い…四二五
天の川…五九〇
雨…二三四、二七一、二七五、二八〇、二八一、三一五、三八二、三八三、三八六、四二四―四二六、四二九、四三二、四三四、四三六、四三九、五〇七、六一五、六一七、六四九、六五二、六五四、六五九、六九三、149
洗雨…三五五
アラシ…四九五、四九八
荒れ…六〇八
粟蒔…一〇〇、二六七、三七二

い

稲妻…四二二、四六五、六五八
稲刈り…六一〇

う

薄雪…六三三
卯の年…四四二
梅干…三六九
閏月…四〇四
閏年…二一六

え

越冬…六〇
炎暑…五一七

お

大雨…三一二、三八一、六八九
大風…四六三、四九三
大潮…七二
大霜…六二九
大水…四二七、六五七
大雪…六四〇

か

快晴…二八〇
解氷…一一一
霞…一〇、152
風…二一、三八四、四九六、五〇〇、五〇二—五〇四、152
雷…四一、三四八、五六一、五六二、六五五
カラス星…五八六
刈入…五三七
寒…五四八、六六六、六六七、六七〇
寒明け…六六九、七一七
寒九…六五九
寒中…二六八、六六〇、六六六、六六九、六七一、七一七
旱魃…四三〇、四三四、四六六
潅仏…一五三

き

祇園様の御祭…三九六
木曾雷…六五五
北(風)…六四
北風…五七一、六二六
霧…一〇、四二三

く

草の芽出し…七三
雲…二七五、五六九、六一五
雲の峰…三九三

け

啓蟄…一六七、一八二
玄猪…六一八

こ

降雨…六五一、七〇八、七一〇—七一二
洪水…二七六、三四九、五七三
氷…二五、六七四
小雨…二七〇、七〇五
東風…一一三、三一六、四二一

さ

細雨…三八五
催青…一四〇、一四一
逆潮…四四三
サゴ…六二三
サナボリ…三一七
三月節句…一八、七二
残雪…一二八、一三六

し

潮風…一六八
潮雲…四一九
時化…二七七、四二〇、五〇一
鹿舞…151、152
地震…六六〇
仕つけ頃…二八二
ジブ北…一五
社日…二
霜…一九三、三〇六、四九四
霜月…六二五、六七三
秋分…四五三
秋冷…五一七
春雪…四一
初春…六七、六八、二九五
シロカキ(漆掻き)…二〇
師走…六七三、六七七

す

鱸落し…五六二

せ

盛夏…一六
晴天…四二六、六九三、七〇七、七一一
西北風…四〇三
清明…一二六
雪白水…四八

た

大豆蒔き…三七三
田植…二九、一一八、一二七、二三一、三三三、三三〇—三四三、三五六、三七〇、三七一
田打…一一六、一一七
田螺取…四七
種下ろし…一二七、五一七
種蒔…二九—三三、一二八、一九七、二〇三、二四〇、二五七
田の草取り…三八七
暖潮…三七七

ち

蟄居…四二
茶摘み…一三八、二八五、二九五

つ

露…三九〇
梅雨…三六六、三六七—三六九、四一三、四一四

て

出水…五五八、五五九

と

冬季…五七二、六三八
冬至…五八七
毒霜…一九三
年の暮…六七六
土用…三八八—三九〇、三九三、四〇九、四二一、四二二、六七三
土用波…四一九、四二〇

な

ナガシ…一二七、二三八
ナガセ(梅雨)…四一五
凪ぎ…六二九

に

西風…五五六、五六〇、六二五、六二八、六三三
二百十日…四二〇
入道雲…六五六
入梅…三六五
俄雨…三一一

の

苗代寒…一九四
野分…四二八、四九三、四九五、四九九、五〇〇、五〇三

は

ハタハタ雷…五六一
八十八夜…一九二、一九三、二六六、六七三
八専…六六三
初雪…六一一、六三一
花見…一五四
春…四三—四五、一一三、一六九、一八九、一九九、三一六、四四〇、六六〇、六六六、148
晴…二七八、四一三、四一五、四三二、六一五、六四九、六五三、六九四、六

九五
晩霜…一九五

ひ

稗蒔…一九六、二五六、三三八
彼岸…一九、二五、二七、五一、一三三
四六七、四七二、四九七
彼岸さめ…五一
百五…二四九

ふ

風雨…五八九、七〇九
冬…五五八、六五八
冬籠…五二四、六二一

ほ

放生会…四六〇
暴風…四三一、四六一、四六二、四九二
五〇〇、五〇一、六〇八、七一三
暴風雨…四八九、四九七、五〇三、六四
八
盆…四一六、四一七
盆北…四〇八

み

三日月…四三〇、四三一
南風…一一三、三一六、四九九、五〇〇
五四六、六二六
南東風…六五

む

麦秋…五二〇
ムズラ星…四五五
村雨…145

も

籾おろし…一一九
紅葉…五七八、五九五、五九七、五九九
籾蒔…一二〇、一二三、二六七
桃の節句…一八

や

ヤマゼ(南風)…三二一

ゆ

雪…二〇、二六、四六、三四〇、五三六
五四二、五七二、六三三—六三八、六
四〇、六六四
雪起し…六三四
雪消…一九六
雪解…四八、一二八
雪解の水…四八
雪水…六八、六七、六一九

よ

陽気…二二七
夜寒…五六六

ら

雷光…五六一
雷鳴…五六一、六三四

わ

渡鳥…四九七、五二七、五四一、六〇二
六〇六

自然に導かれた先人の知恵

大森志郎

魏志のいわゆる倭人伝に、「倭人は正歳四時を知らず、ただ春耕秋収を記して年紀なす」とある。天文観測による暦法が発達しなかった古代には、どの民族も自然を目標にして季節、季候をはかっていた。そのことを言ったのである。

その自然観察が、言い伝えとなり、諺となって固定したのが、自然暦である。猪苗代湖南の村村では、湖をへだてた北の盤梯山に残る雪形を見て耕作の時期を知り、寺の境内の大きな桜の木を種まき桜と言って、その桜の花の咲くのを播種の規準として生活して来た。日本アルプスをはじめ各地にある白馬岳、駒形山のような名のついた山も、その山に残った春雪の形で農耕の時を知ったことから、ついた名である。

そうした自然の観察を全国的にまとめると、椿の花は十二月の三十一日ごろに南九州で咲きはじめ、北限である奥羽で咲きはじめるのは四月の十五日ごろであるというような植物季節、ツバメが渡って来るのは、九州の南端では例年三月二十日ごろ、北海道では五月の三十一日ごろというような動物季節ができあがる。

平均的な暦を作ると、二十四節・七十二候のように、月日がほとんど固定してしまった平均値的な季候が、二十四番花信風のような地域差を考慮しない花だよりができあがる。

これに反して、われわれが自然暦とよんでいるのは、地域に即して、村ごとに自分の村について伝えて来た動物・植物・その他に即した言い伝えである。抽象化され、普遍化された知識ではなくて、直接的、視角的、即地的、即物的な知恵である。この「自然暦」の編著者川口孫治郎氏が「自然を目標にとった自然暦、それが往々却って太陰暦、太陽暦よりも確かなところがある」と言っているのは、村に住んでの生活の知恵としては、その通りである。

この本を読んでゆくと、人間と生物との親しさに、目を洗われる思いがするであろう。烏啼きがわるいと不幸があるとか、猫が顔を洗うと雨が降る、とかは全国的に聞くが、この本に熊の腸を岩田帯に包んで安産の咒にすることが、土佐の言い伝えとして採録されているが、わたくしは先年、猪苗代湖南の山村で同じ習俗を聞いて来た。遠く離れて、おなじことが行なわれているのに驚いた。

この本には、植物の花の開落によって、漁期を知る話が、たくさん集められている。よく努力されたものであると感じ入るほかはない。

世相の激変によって、こうした自然暦の言い伝えも急速に忘れられてゆく。今日、誰か、川口氏の志をついで、この自然暦を続修する人が出てほしいと思うこと切である。

[著者紹介]

川口孫治郎（かわぐち・まごじろう）[1873-1937]

明治6年、和歌山県有田郡生まれ。

東京高等師範学校卒、京都帝国大学法学部卒。

鳥類研究家、民俗学者。

和歌山県、佐賀県、岐阜県、福岡県で教職に奉じ、名校長と謳われるなどその職務を全うする一方で、余暇を鳥類の生態観察とその記録に捧げた。晩年は、京都帝国大学理学部動物学教室嘱託として、調査旅行に専心したが、大正11年、北海道松前小島での調査中に発病、翌12年没。

著書には、柳田國男の知遇を得るきっかけとなった処女作『杜鵑《ほととぎす》研究』（大正3年）のほか、『乗鞍嶽上十日記』『飛驒の鳥』『続飛驒の鳥』『飛驒の白川村』『日本鳥類生態学資料』などがある。

また未刊のまま遺された厖大な調査記録は、親交の深かった京都大学理学部教授川村多実二の手で整理され、現在は京都大学付属図書館に収められている。

＊本書は、1972年に「生活の古典双書」の一冊として弊社より刊行された同名書の新装版です。

自然暦《しぜんれき》〈新装版〉

2013年 9月25日　初版第1刷発行

著　者　川口孫治郎
発行者　八坂立人
印刷・製本　モリモト印刷（株）

発行所　（株）八坂書房
〒101-0064　東京都千代田区猿楽町1-4-11
TEL.03-3293-7975　FAX.03-3293-7977
URL.: http://www.yasakashobo.co.jp

ISBN 978-4-89694-161-6